AF629422

ARBEITSMETHODEN
DER MODERNEN NATURWISSENSCHAFTEN

Magnetische Messungen an ferromagnetischen Stoffen

Von

Dr. WERNER JELLINGHAUS

Wissenschaftlicher Mitarbeiter
am Max Planck-Institut für Eisenforschung
zu Düsseldorf

Mit 103 Abbildungen

1952

WALTER DE GRUYTER & CO.

vormals G. J. Göschen'sche Verlagshandlung / J. Guttentag, Verlagsbuchhandlung / Georg Reimer / Karl J. Trübner / Veit & Comp.

BERLIN W 35

Alle Rechte, insbesondere das der Übersetzung, vorbehalten
Copyright 1952 by WALTER DE GRUYTER & CO.
vormals G. J. Göschen'sche Verlagshandlung · J. Guttentag, Verlagsbuchhandlung
Georg Reimer · Karl J. Trübner · Veit & Comp.
Berlin W 35, Genthiner Straße 13
Archiv-Nr. 52 93 52 Printed in Germany
Druck: Thormann & Goetsch, Berlin SW 61

Vorwort

Die Entwicklung der ferromagnetischen Werkstoffe in den letzten 25 Jahren hat der Nachrichtentechnik, der Regeltechnik, dem Meßinstrumentenbau und dem Maschinenbau eine Reihe von neuen Möglichkeiten erschlossen. Die Permeabilität der magnetisch weichen Stoffe und ebenso die in Dauermagneten gespeicherte Energie sind erheblich gesteigert worden. Auch die Theorie des Ferromagnetismus wurde weiter ausgebaut. Diese Entwicklung war nur möglich durch eingehende Beschäftigung mit den Werkstoffeigenschaften, das will sagen, durch eine recht große Zahl von magnetischen Messungen. Die Meßverfahren selbst haben sich, wenn auch nicht in ihren Grundzügen, so doch in der Ausführung merklich verändert. Die Elektrotechnik und die Physik haben einige Mühe darauf verwandt, dem Hüttenmann und dem Metallkundler, in deren Hand die Herstellung der ferromagnetischen Werkstoffe liegt, neue Geräte und Meßverfahren zur Verfügung zu stellen, die ihm seine Arbeit erleichtern. In einer Beziehung hat sich jedoch nicht viel geändert: Der Elektrotechniker und der Gerätebauer haben nur in geringem Maße die Möglichkeit, auf die Werkstoffeigenschaften Einfluß zu nehmen, während andererseits der Hüttenmann durch Legierungsauswahl, Schmelzführung, Warmverformung, Kaltverformung und schließlich Wärmebehandlung die Werkstoffeigenschaften bestimmt, ihre Verwendung aber, die seinem eigenen Arbeitsgebiet fern liegt, im allgemeinen nicht so genau kennt wie der Verbraucher. Die Notwendigkeit der Verständigung ergibt sich hieraus von selbst. Eines der wichtigsten Verständigungsmittel ist die Messung.

Der Verfasser hat sich bemüht, einen Überblick über die heute gebräuchlichen Meßverfahren zu geben. In der Frage der Maßsysteme habe ich versucht, dem Elektrotechniker die Durchführung aller notwendigen Rechnungen mittels des praktischen elektromagnetischen Maßsystems zu ermöglichen und andererseits die Benutzung des in der Physik überlieferten cgs-Systems nicht auszuschließen. Die vorliegende Schrift ist als eine Einführung gedacht. Es war nicht gut möglich, alle Einzelheiten auf engem Raum zu behandeln; beispielsweise mußten meßtechnisch schwierige Dinge wie die Verfolgung der magnetischen Eigenschaften in hochfrequenten Wechselfeldern, die Untersuchung der magnetischen Nachwirkung oder der Übergang vom ferromagnetischen zum paramagnetischen Zustand unberücksichtigt bleiben. Auf die bildmäßige Wiedergabe von Geräten habe ich verzichtet; es schien wichtiger, die Arbeitsverfahren in den Vordergrund zu stellen. Einzelheiten des Aufbaues der Meßgeräte ändern sich ohnehin schon im Laufe der Zeit.

Ich hoffe, daß das Büchlein das Eindringen in die Aufgaben der magnetischen Meßtechnik erleichtern wird, zumal das einschlägige Schrifttum weit verstreut ist. Für Hinweise auf notwendige Ergänzungen und Berichtigungen werde ich dankbar sein.

Düsseldorf, im Mai 1952 *Dr. W. Jellinghaus*

Inhalt

I. Einleitung

Bedarf und Aufgabe der magnetischen Messungen

Magnetische Messungen an ferromagnetischen Stoffen können der Bestimmung von Gebrauchseigenschaften dienen, die in Elektrotechnik, Maschinenbau und anderen Zweigen der Technik nützliche Verwendung finden; sie können aber auch dem Streben nach physikalischer Erkenntnis zu gute kommen, oder sie können dazu dienen, den Stoff, der die nützlichen Eigenschaften besitzt, erst zu schaffen. Diese drei Aufgabengebiete, Technik, reine Physik und Werkstoffkunde gehen häufig Hand in Hand. Die Darstellung der magnetischen Meßverfahren hat auf alle drei ihr Augenmerk zu richten. Da Ferromagnetismus eine stoffliche Eigenschaft ist, spielen auch chemische Gesichtspunkte eine Rolle.

II. Maßsysteme

Man findet in der physikalischen und in der technischen Literatur nebeneinander das elektrostatische cgs-System, das elektromagnetische cgs-System, das Gauß'sche Maßsystem, das sog. praktische elektromagnetische Maßsystem, das praktische internationale Maßsystem (Giorgi) und daneben noch zahlreiche andere Maßsysteme, die ihre Vorzüge haben mögen. Für den lernenden jungen Physiker ebenso wie für die große Zahl der Techniker, denen der Magnetismus nur ein Abschnitt am Rande ihres Arbeitsfeldes ist, bedeutet diese Vielzahl ohne Zweifel eine Erschwerung. Im Grunde geht der Streit um das beim Ferromagnetismus anzuwendende Maßsystem darum, ob es zweckmäßiger ist, die Einheitlichkeit der physikalischen Betrachtung dadurch zu wahren, daß die Maße engstens an die Mechanik als die Wurzel des physikalischen Denkens und Messens angeschlossen werden oder ob man zu den mechanischen Größen Länge, Maße und Zeit noch eine rein elektrische oder magnetische Grundgröße hinzufügen soll. Als solche neue rein elektrische Größe kann z. B. die Ladung, der

Widerstand, der magnetische Fluß oder auch Stromstärke und Spannung dienen. Seitdem sich auch in der theoretischen Literatur (vgl. hierzu z. B. A. Sommerfeld, Elektrodynamik Vorlesungen über theoretische Physik Bd. IV, Leipzig und Wiesbaden 1948), die bisher vorwiegend die cgs-Systeme bevorzugte, immer mehr die Erkenntnis durchsetzt, daß eine zusätzliche elektrische Größe eine Vereinfachung der Darstellung mit sich bringt, dürfte die allgemeine Benutzung dieser Maßsysteme nur noch eine Frage der Zeit sein.

Mit der Frage nach dem Maßsystem ist – historisch bedingt – die Frage nach der rationellen oder konventionellen Schreibweise der elektromagnetischen Grundgleichungen verknüpft. Es geht hier um den Streit, ob man den Faktor 4π in den Maxwellschen Gleichungen mitführen soll oder ob er im Coulombschen Gesetz vorkommen soll. Endlich unterscheiden sich die Systeme noch durch die Wahl der Einheiten für die mechanischen Grundgrößen: Einmal kann cm, g und sec gewählt werden, das andere Mal aber m, kg und sec. Endlich kann man sich noch darüber streiten, ob das Maßsystem die international festgelegten Einheiten Volt, Ampere u.s.f. benutzen soll, oder ob man den Zusammenhang mit den absoluten elektromagnetischen Einheiten wahren will.

Wir werden auf diese Vielfalt von Maßsystemen nicht eingehen; es sei nur festgestellt, daß die in diesem Buch vorkommenden Gleichungen auf das praktische cm g sec V A-System zugeschnitten sind. Daneben werden die wichtigsten Formeln auch für das elektromagnetische konventionelle (nicht rationelle) System angeschrieben, da viele Magnetiker im elektromagnetischen cgs-System zu rechnen gewohnt sind. Um den Anschluß an das elektromagnetische cgs-System zu erleichtern, wird in Tabelle I eine Übersicht über die in den beiden Systemen benutzten Einheiten mit Angabe der Dimensionen und der für die Umrechnung benötigten Zahlenfaktoren gebracht. (U. Stille hat eine ausführlichere „Umrechnungstafel für die Zahlenwerte elektrischer und magnetischer Größen" herausgegeben, in der noch eine Reihe weiterer Maßsysteme berücksichtigt sind; Verlag Vieweg Braunschweig 1943).

Tabelle 1

Gegenüberstellung der Dimensionen und Maßeinheiten für das praktische und internationale Maßsystem und das absolute elektromagnetische System.

Begriff		Praktisches elektromagnetisches System / Internation. elektromagnetisches System Grundeinheiten: Ampere, Volt cm, sec	Absolutes elektromagnetisches System $(\text{cgs})_m$
Elektrizitätsmenge	Dim. Einh. Umr.	$i\,t$ Amperesec. A sec = Coulomb C $\text{C} = \frac{1}{q}\,\text{C}_{\text{intern.}}$ $\frac{1}{q} = 1{,}00007$	$l^{1/2}\,m^{1/2}$ $\text{cm}^{1/2}\,\text{g}^{1/2}$ $(\text{cgs})_m = 10\ \text{C}$
Stromstärke	Dim. Einh. Umr.	i Ampere, A $\text{A} = \frac{1}{q}\,\text{A}_{\text{intern.}}$ $\frac{1}{q} = 1{,}00007$	$l^{1/2}\,m^{1/2}\,t^{-1}$ $\text{cm}^{1/2}\,\text{g}^{1/2}\,\text{s}^{-1}$ $(\text{cgs})_m = 10\ \text{A}$
Spannung	Dim. Einh. Umr.	U Volt V $\text{V} = \frac{1}{p \cdot q}\,\text{V}_{\text{intern.}}$ $\frac{1}{p \cdot q} = 0{,}9996$	$l^{3/2}\,m^{1/2}\,t^{-2}$ $\text{cm}^{3/2}\,\text{g}^{1/2}\,\text{s}^{-2}$ $(\text{cgs})_m = 10^{-8}\ \text{V}$

Begriff		Praktisches elektromagnetisches System / Internation. elektromagnetisches System Grundeinheiten: Ampere, Volt cm, sec	Absolutes elektromagnetisches System $(cgs)_m$
Widerstand $\left(\frac{\text{Spannung}}{\text{Stromstärke}}\right)$	Dim.	$i^{-1}\cdot U$	$l^{+1}\,t^{-1}$
	Einh.	Ohm Ω	$cm\ s^{-1}$
	Umr.	$\Omega = \frac{1}{p}\,\Omega_{intern.}$ $\frac{1}{p} = 0{,}9995$	$(cgs)_m = 10^{-9}\,\Omega$
Stromarbeit (Spannung × Stromstärke × Zeit)	Dim.	$i\cdot U\cdot t$	$l^2\,m\,t^{-2}$
	Einh.	Wattsec = Joule J	$cm^2\,g\,s^{-2}$
	Umr.	$\text{Joule} = \frac{1}{p\cdot q^2}\,J_{intern.}$ $\frac{1}{p\cdot q^2} = 0{,}99969$	$(cgs)_m = 10^{-7}\,J$
Leistung	Dim.	$i\cdot U$	$l^2\,m\,t^{-3}$
	Einh.	Watt, W	$cm^2\,g\,s^{-3}$
	Umr.	$W = \frac{1}{p\cdot q^2}\,W_{intern.}$ $\frac{1}{p\cdot q^2} = 0{,}99969$	$(cgs)_m = 10^{-7}\,W$
Kapazität $\left(\frac{\text{Elektrizitätsmenge}}{\text{Spannung}}\right)$	Dim.	$i\cdot U^{-1}\cdot t$	$l^{-1}\,t^2$
	Einh.	Amperesekunde/Volt = Farad F;	$cm^{-1}\,s^2$
	Umr.	10^{-6} F = Mikrofarad $F = p\,F_{intern.}$ $p = 1{,}00046$	$(cgs)_m = 10^{-9}\,F$

Begriff		Praktisches elektromagnetisches System / Internation. elektromagnetisches System — Grundeinheiten: Ampere, Volt cm, sec	Absolutes elektromagnetisches System $(cgs)_m$
Selbstinduktionskoeffizient $\left(\frac{\text{Spannungsstoß}}{\text{Stromstärke}}\right)$	Dim.	$i^{-1} \cdot U \cdot t$	l
	Einh.	Voltsekunde/Ampere = Henry, H	cm
	Umr.	$H = \frac{1}{p} H_{\text{intern.}}$ $\frac{1}{p} = 0,9995$	$(cgs)_m = 10^{-9}$ H
Kraftfluß Magnetische Polstärke	Dim.	$U \cdot t$	$l^{3/2} m^{1/2} t^{-1}$
	Einh.	Voltsekunde, Vs	$cm^{3/2} g^{1/2} s^{-1}$
	Umr.	$Vs = \frac{1}{p \cdot q} V_{\text{intern.}} \cdot s$ $\frac{1}{p \cdot q} = 0,0996$	$(cgs)_m = 4\pi \cdot 10^{-8}$Vs $4\pi \cdot 10^{-8} = 1,256 \cdot 10^{-7}$
Magnetisches Moment (Polstärke × Länge)	Dim.	$U \cdot l \cdot t$	$l^{5/2} m^{1/2} t^{-1}$
	Einh.	Voltsekunde · cm; Vs cm	$cm^{5/2} g^{1/2} s^{-1}$
	Umr.	Vs cm = $\frac{1}{p \cdot q} \cdot V_{\text{intern.}} \cdot s \cdot cm$ $\frac{1}{p \cdot q} = 0,9996$	(1 cgs)m = $4\pi \cdot 10^{-8}$ V·s cm

Begriff		Praktisches elektromagnetisches System / Internation. elektromagnetisches System Grundeinheiten: Ampere, Volt cm, sec	Absolutes elektromagnetisches System $(cgs)_m$
Magnetische Spannung	Dim.	J	$l^{1/2}\, m^{1/2}\, t^{-1}$
	Einh.	Ampere, A	$cm^{1/2}\, g^{1/2}\, s^{-1}$ = Gilbert
	Umr.	$A = \frac{1}{q}\, A_{intern.}$ $\frac{1}{q} = 1{,}00007$	$1\ \text{Gilbert} = \frac{10\,A}{4\pi}$ $\frac{10\,A}{4\pi} = 0{,}7962$
Magnetischer Induktionsfluß	Dim.	$U \cdot t$	$l^{3/2}\, m^{1/2}\, t^{-1}$
	Einh.	Voltsekunde, Vs	$cm^{3/2}\, g^{1/2}\, s^{-1}$ = Maxwell M
(Magnet. Induktion × Fläche)	Umr.	$Vs = \frac{1}{p \cdot q} \cdot V_{intern.} \cdot s$ $\frac{1}{p \cdot q} = 0{,}9996$	Maxwell = 10^{-8} Vs
Induktionskonstante μ_0 Permeabilität des Vakuums	Dim.	$J^{-1}\, U\, l^{-1}\, t$ $4\pi \cdot 10^{-9}\ Vs \cdot A^{-1}\, cm^{-1}$	1
	Umr.	$\mu_0 = \frac{4\pi \cdot 10^{-9}}{p}\, V_{intern.} \cdot s \cdot A^{-1}_{intern.} \cdot cm^{-1}$ $4\pi \cdot 10^{-9} = 1{,}255 \cdot 10^{-8}$ $\frac{4\pi}{p} \cdot 10^{-9} = 1{,}256 \cdot 10^{-8}$	

Begriff		Praktisches elektromagnetisches System / Internation. elektromagnetisches System Grundeinheiten: Ampere, Volt cm, sec	Absolutes elektromagnetisches System $(cgs)_m$
Elektrische Feldstärke	Dim.	$U \cdot l^{-1}$	$l^{1/2} m^{1/2} t^{-2}$
	Einh.	Volt/cm	$cm^{1/2} g^{1/2} s^{-2}$
$\left(\frac{\text{Spannung}}{\text{Länge}}\right)$	Umr.	$V \cdot cm^{-1} = \frac{1}{p \cdot q} \cdot V_{\text{intern.}} \cdot cm^{-1}$ $\frac{1}{p \cdot q} = 0{,}9996$	$(cgs)_m = 10^{-8}\ V\ cm^{-1}$
Elektrische Verschiebungsdichte	Dim.	$i \cdot l^{-2} \cdot t$	$l^{-3/2} m^{1/2}$
	Einh.	$Coulomb/cm^2 = A\ s \cdot cm^{-2}$	$cm^{-3/2} g^{1/2}$
$\left(\frac{\text{Elektrizitätsmenge}}{\text{Fläche}}\right)$	Umr.	$A \cdot s \cdot cm^{-2} = C \cdot cm^{-2} = \frac{1}{q} C_{\text{intern.}} \cdot cm^{-2}$ $\frac{1}{q} = 1{,}00007$	$(cgs)_m = \frac{10}{4 \cdot \pi} C \cdot cm^2$ $\frac{10}{4\pi} = 0{,}7962$
Influenzkonstante	Dim.	$i \cdot U^{-1} \cdot l^{-1} \cdot t$	$l^{-2} \cdot t^2$
ε_0 Infl. des Vakuums	Einh.	$As \cdot V^{-1}\ cm^{-1}$	$cm^{-2}\ s^2$
	Umr.	$\varepsilon_0 = \frac{10^9}{4\pi c^2} As\ V^{-1}\ cm^{-1}$ $= \frac{10^9}{4\pi c^2} \cdot p\ A_{\text{int.}}\ s\ V_{\text{int.}}^{-1}\ cm^{-1}$ $\frac{10^9}{4\pi c^2} = 8{,}855 \cdot 10^{-14}$ $\frac{10^9}{4\pi c^2} \cdot p = 8{,}859 \cdot 10^{-14}$	$\varepsilon_0 = \frac{1}{c^2} cm^{-2}\ s^2$ $\frac{1}{c^2} = 1{,}1127 \cdot 10^{-21}$

Begriff		Praktisches elektromagnetisches System / Internation. elektromagnetisches System — Grundeinheiten: Ampere, Volt cm, sec	Absolutes elektromagnetisches System $(cgs)_m$
Elektrisches Moment (Elektrizitätsmenge × Länge)	Dim.	$i \cdot l \cdot t$	$l^{3/2}\, m^{1/2}$
	Einh.	Coulomb·cm; C·cm	$cm^{3/2}\, g^{1/2}$
	Umr.	$C \cdot cm = \frac{1}{q} C_{intern.} \cdot cm$ $\frac{1}{q} = 1{,}00007$	$(cgs)_m = 10\, C \cdot cm$
Magnetische Feldstärke	Dim.	$i \cdot l^{-1}$	$l^{-1/2}\, m^{1/2}\, t^{-1}$
	Einh.	Ampere/cm; A/cm	$(cm^{-1/2}\, g^{1/2}\, s^{-1})$ Oersted
	Umr.	$A \cdot cm^{-1} = \frac{1}{q} A_{Int.} \cdot cm^{-1}$ $\frac{1}{q} = 1{,}0001$	$Oe = \frac{10}{4\pi} A \cdot cm^{-1}$
Kraftflußdichte Magnetische Induktion	Dim.	$U \cdot l^{-2} \cdot t$	$l^{-1/2}\, m^{1/2}\, t^{-1}$
	Einh.	Voltsek./cm²; $V \cdot s \cdot cm^{-2}$	$(cm^{-1/2}\, g^{1/2}\, s^{-1}) =$ Gauß
$\left(\frac{\text{Spannungsstoß}}{\text{Windungsfläche}}\right)$	Umr.	$Vs \cdot cm^{-2} = \frac{1}{p \cdot q} V_{intern.} \cdot s \cdot cm^{-2}$ $\frac{1}{p \cdot q} = 0{,}9996$	Gauß $= Vs \cdot cm^{-2} \cdot 10^{-8}$

Auf einen Unterschied der beiden Systeme sei ausdrücklich hingewiesen: Die Einheit des magnetischen Feldes hat im praktischen Maßsystem die Dimension $\frac{\text{Strom}}{\text{Länge}}$; die Kraftliniendichte dagegen hat die Dimension Spannung $\times$ Zeit. Im elektromagnetischen cgs-System (cgs_m) haben beide Größen die gleiche Dimension, nämlich $\sqrt{\frac{\text{Masse}}{\text{Länge}}} \times \frac{1}{\text{Zeit}}$. Infolgedessen unterscheiden sich auch die Dimensionen des Begriffs Permeabilität; im praktischen Maßsystem hat sie die Dimension $\frac{\text{Spannung} \times \text{Zeit}}{\text{Strom} \times \text{Länge}}$; im cgs-System ist die Permeabilität eine reine Zahl. Das Produkt aus Feldstärke und Permeabilität, nämlich die Kraftflußdichte hat in beiden Systemen wieder die gleiche Dimension, nämlich $\frac{\text{Spannung} \times \text{Zeit}}{\text{Fläche}}$ oder gleichwertig $\sqrt{\frac{\text{Masse}}{\text{Länge}}} \times \frac{1}{\text{Zeit}}$.

III. Magnetische Grundbegriffe

A. Definitionen

Die wesentlichen Erscheinungen des Ferromagnetismus müssen in einem Buch über Messungen an ferromagnetischen Stoffen als bekannt vorausgesetzt werden. Ein einleitender Abschnitt über magnetische Grundbegriffe braucht daher nur einige Angaben über die benutzten Bezeichnungen zu enthalten.

Nach Maxwell erzeugt jede bewegte elektrische Ladung ein magnetisches Feld, und jede Änderung eines magnetischen Feldes ist mit dem Auftreten geschlossener elektrischer Feldlinien verbunden (Abb. 1). Die magnetische Feldstärke H wird empirisch durch die Amperewindungszahl pro cm definiert; d. h. die in zwei langen zylindrischen Spulen erzeugten Magnetfelder sind

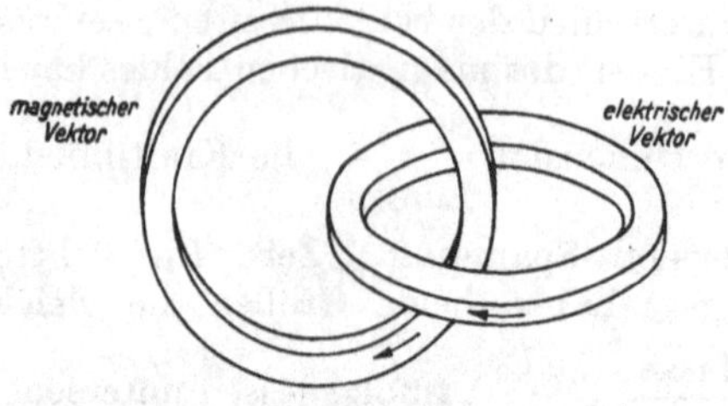

Abb. 1. Verkettung zwischen magnetischem und elektrischem Vektor

gleich, wenn die Produkte aus der Windungszahl n und der Stromstärke i geteilt durch die Länge l gleich sind.

$$H = \frac{ni}{l} \quad \frac{\mathrm{A}}{\mathrm{cm}} \tag{1}$$

Entsteht oder verschwindet ein gleichmäßiges Magnetfeld von der Stärke H, so wird in einem den Querschnitt F n Mal umschließenden Leiter, dessen Windungsfläche senkrecht zur Feldrichtung verläuft, ein Spannungsstoß induziert. Dieser Spannungsstoß A beträgt erfahrungsgemäß:

$$A = \mu_0 \cdot n \cdot F \cdot H \text{ Voltsekunden.} \tag{2}$$

Hierin ist μ_0 eine empirische Konstante, die als Induktionskonstante oder gelegentlich auch als Permeabilität des Vakuums bezeichnet wird, vom Betrage $1{,}25602 \cdot 10^{-8} \frac{\mathrm{Vs}}{\mathrm{A\ cm}}$. Auf Grund dieses Induktionsgesetzes kann man das Feld auch durch die Anzahl der Voltsekunden kennzeichnen, die beim Entstehen oder Verschwinden des homogenen Feldes H in dem die Fläche F mit n Windungen umschließenden Leiter induziert werden; der Quotient dieses Spannungsstoßes A in die Windungsfläche $n \cdot F$ heißt Kraftliniendichte B.

$$B = \frac{A}{n \cdot F} = H \cdot \mu_0 \quad \frac{\mathrm{Vs}}{\mathrm{cm}^2} \tag{3}$$

Die oben gebrachte Definition der Feldstärke durch einen Strom und die Windungsdichte einer Zylinderspule läßt den

Ursprung der heutigen praktischen Einheiten und ihren Zusammenhang mit dem Kraftbegriff, der ja im Worte Feldstärke enthalten ist, nicht mehr erkennen. Die ältere Definition dagegen sagt, die Feldstärke sei die auf den Einheitspol p vom Felde H ausgeübte Kraft K.

$$K = p \cdot H \text{ Dyn} \tag{4}$$

Die Polstärke hat nach dem Coulombschen Gesetz $\left(K = \frac{p_1 \cdot p_2}{r^2}\right)$ die Dimension $\sqrt{\text{Kraft}} \times \text{Länge}$; die Feldstärke hat daher die Dimension $\frac{\sqrt{\text{Kraft}}}{\text{Länge}}$ ($g^{1/2}\,cm^{-1/2}\,sec^{-1}$). In der heutigen Sprache ist die Polstärke ziemlich verschwunden und durch den Kraftfluß ersetzt worden. Einer durch Stromstärke und Windungsdichte gekennzeichneten Feldstärke H innerhalb eines Querschnitts F entspricht eine bestimmte Kraftliniendichte B; die über diese Fläche summierte Kraftlinienzahl, also das Produkt $B \cdot F$ ist der Kraftfluß und dieser hat nach Gleichung (3) die Dimension Spannung · Zeit. Gemäß Gleichung 4 ist das Produkt Kraftfluß × Feldstärke die Kraft, die den Körper, der mit dem Kraftfluß verhaftet ist, sei es nun ein Stück Eisen oder eine eisenlose vom Strom durchflossene Spule, in die Feldrichtung hineinzudrehen sucht; es ist also das Produkt (Spannung · Zeit) · $\frac{\text{Stromstärke}}{\text{Länge}}$ = Kraft. In der Tat ist das Produkt aus Spannung, Zeit und Stromstärke eine elektrische Arbeit und ergibt nach Teilung durch eine Länge eine Kraft, die in $\frac{\text{V A s}}{\text{cm}}$ gemessen wird.

Die Elektrodynamik lehrt, das Magnetfeld H übt auf den geraden vom Strom i durchflossenen Leiter der Länge l eine Kraft K aus, die dem Produkte Stromstärke · Länge · Kraftliniendichte proportional ist.

$$K = i \cdot l \cdot B \qquad \text{A cm} \frac{\text{Vs}}{\text{cm}^2} \tag{5}$$

Mißt man die Kraft in der Einheit $\frac{\text{VAs}}{\text{cm}}$, die Länge in cm und den Strom in Ampere, so ergibt sich B in $\frac{\text{Vs}}{\text{cm}^2}$. Diese Einheit ist für praktische Zwecke sehr groß; man benutzt daher oft auch eine kleinere Einheit, nämlich $1\,\frac{\text{Vs}}{\text{cm}^2}\cdot 10^{-8}$ und nennt diese 1 Gauß. Im elektromagnetischen cgs-System ist die Einheit der Stromstärke (1 Weber) 10mal größer als 1 Ampere und die Einheit der Kraft (1 Dyn) um den Faktor 10^7 kleiner als $1\frac{\text{VAs}}{\text{cm}}$. Die Einheit der Kraftliniendichte im cgs-System, die ebenfalls Gauß heißt ist daher zahlenmäßig gleich der im praktischen System benutzten Einheit Gauß. Wie bereits erwähnt, macht das elektromagnetische cgs-System dimensionsmäßig zwischen Feldstärke und Kraftliniendichte keinen Unterschied; man hat daher häufig das Gauß für beide Begriffe als Maßeinheit benutzt; in den letzten 2 bis 3 Jahrzehnten ist dann allerdings die Feldstärke im cgs-System meist als Oersted (abgekürzt Oe) bezeichnet worden. Das Oersted wird durch den Faktor $0{,}4\pi$ in A/cm umgerechnet. $0{,}4\pi\cdot 1$ Oe $=$ 1 A/cm. Man findet nicht nur in der physikalischen Literatur, wo vorwiegend noch das cgs-System benutzt wird, sondern auch in der technischen Literatur, die meist das praktische Maßsystem benutzt, das Oersted als Feldstärkeneinheit.

Bei paramagnetischen und diamagnetischen Stoffen bleibt bekanntlich die Kraftliniendichte B_m bei beliebigen Feldstärken in derselben Größenordnung wie die Kraftliniendichte des Vakuums B_0. Anders bei ferromagnetischen Stoffen, wo einige A/cm oft schon zu Kraftliniendichten von einigen Tausend Gauß führen. Die Kraftliniendichte bezeichnet man auch als Induktion. Der Überschuß der Kraftliniendichte im Ferromagnetikum über die ohne dessen Anwesenheit bereits durch das Feld bedingte Kraftliniendichte heißt Magnetisierung J. $J = B_m - B_0$.* Hiermit gleichbe-

*) In diesem Sinne wird B_0 gelegentlich auch als Leerinduktion bezeichnet

deutend kann man auch definieren, die Magnetisierung sei das magnetische Moment der Volumeneinheit.

Die Permeabilität μ ist das Verhältnis der Induktion zur Feldstärke

$$\mu = \frac{B}{H}. \tag{6}$$

Den Einheiten des praktischen Maßsystems entsprechend ist sie zu berechnen als $\frac{\text{V s}}{\text{A} \cdot \text{cm}}$. Man findet sie jedoch meist dimensionslos als (relative) Permeabilität μ_r, nämlich als

$$\frac{\text{Kraftliniendichte } B_m \text{ im Werkstoff}}{\text{Kraftliniendichte } B_0 \text{ im leeren Raum}}$$

angegeben. Man setzt dann: $B = \mu_r \cdot \mu_0 \cdot H$ und versteht unter Permeabilität die Größe μ_r. Der Index wird vielfach fortgelassen. Im letzteren Falle sind die Zahlenbeträge um den Faktor $1{,}256 \cdot 10^{-8}$ verändert.

Da die Neukurve nur bei wenigen Stoffen geradlinig verläuft, muß man zwischen dem Quotienten B/H, der Permeabilität heißt, und dem Differentialquotienten dB/dH, der die Steigung der Neukurve angibt, streng unterscheiden. Der Differentialquotient dB/dH, also das Verhältnis der Änderung von B zu einer infinitesimal kleinen Änderung von H, heißt die differentielle Permeabilität $\mu_{\text{diff.}}$ Die Magnetisierbarkeit χ als Verhältnis der Magnetisierung zur Feldstärke wird definiert durch:

$$\chi = \frac{J}{H} = \frac{B_m - B_0}{H} \quad \frac{\text{Gauß}}{\text{A/cm}} \text{ oder } \frac{\text{Vs}}{\text{A} \cdot \text{cm}} \tag{7}$$

Daneben definiert man die Suszeptibilität $\varkappa$ als dimensionslose Zahl:

$$\varkappa = \frac{B_m - B_0}{B_0} = \frac{J}{B_0} \tag{8}$$

Zur relativen Permeabilität besteht die Beziehung: $\varkappa = \mu_r - 1$.

Das magnetische Moment M ist als das Produkt aus Magnetisierung J und Volumen V definiert.

$$M = J \cdot V \tag{9}$$

Seine Maßeinheit ist 1 Gauß · 1 cm³ oder gleichwertig 1 Voltsec · 10^{-8} · 1 cm. Durch Division mit dem spezifischen Gewicht ϱ kommt man zum magnetischen Moment der Masseneinheit σ.

$$\sigma = \frac{J}{\varrho} = \frac{J \cdot \text{Volumen}}{\text{Gewicht}}; \; \sigma \text{ heißt auch spezifische Magnetisierung.}$$

Entsprechend wird gelegentlich die Massensuszeptibilität $\frac{\chi}{\varrho}$ benutzt. Sie wird durch $\frac{\chi}{\varrho} = \frac{J \cdot V}{\text{Gew. } H}$ definiert.

Für Benutzer des cgs-Systems sei angemerkt, daß die letztgenannten, von der Induktion abgeleiteten Größen, Magnetisierung, Magnetisierbarkeit, Permeabilität etc. fast alle im cgs-System andere Zahlenwerte annehmen, nämlich:

Begriff	Praktisches Maßsystem		cgs-System	
	Definition	Maßeinheit	Definition	Maßeinheit
Magnetisierung	$J = B_m - B_0$	Gauß 1 Gauß = $1\,\frac{\text{V-Sec.} \cdot 10^{-8}}{\text{cm}^2}$	$J = \frac{B_m - H}{4\pi}$	1 cgs = $4\pi \cdot 10^{-8}\,\frac{\text{Voltsec.}}{\text{cm}^2}$
Magnet. Moment	$M = J \cdot V$	1 Gauß · 1 cm³ = 1 Voltsec. 1 cm · 10^{-8}	$M = J \cdot V$	1 cgs = $4\pi \cdot 10^{-8}$ Voltsec. · 1 cm
Permeabilität	$\mu = \frac{B}{H}$	$1\,\frac{\text{Gauß} \cdot \text{cm}}{\text{Amp}}$	$\mu = \frac{B}{H}$	$1\,\frac{\text{Gauß}}{\text{Oersted}} = \frac{1\,\text{Gauß} \cdot \text{cm}}{0{,}4\pi\,\text{Amp}}$
Suszeptibilität	$\varkappa = \frac{J}{B_0}$	1 (dimensionslos)	$\varkappa = \frac{J}{H}$	$\frac{1\,\text{cgs}}{1\,\text{Oe}}$

Die Benutzung dieser abgeleiteten Größen ist wegen der verschiedenen, leider gelegentlich auch bedenkenlos nebeneinander gebrauchten Maßsysteme, etwas mißlich; Angaben über die benutzten Grundeinheiten sind daher notwendig.

B. Der Entmagnetisierungsfaktor

Ein geradliniger, vom elektrischen Strom durchflossener Leiter hat in der zu seiner Längsrichtung senkrechten Ebene ein magnetisches Feld um sich, dessen Kraftlinien Kreise um den Leiter herum bilden. Magnetische Kraftlinien sind stets in sich geschlossene

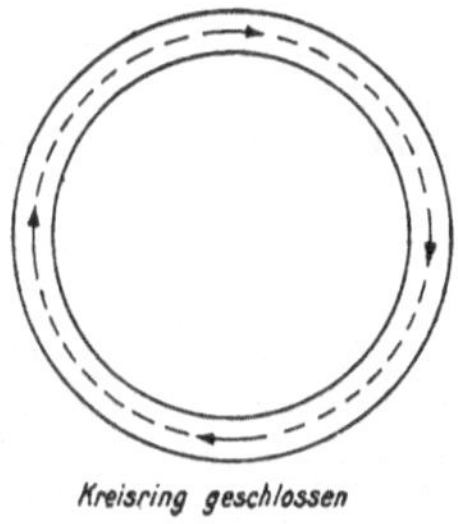

Abb. 2. Kraftlinienverlauf im geschlossenen Eisenkreis

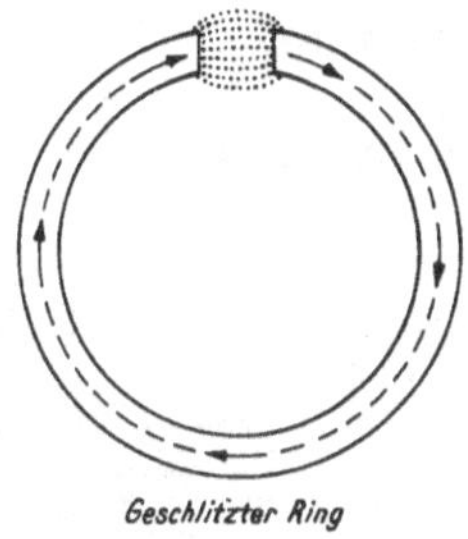

Abb. 3. Kraftlinienverlauf im geschlitzten Eisenring

Kurven. Nehmen wir an, ein Kreisring aus Eisen von gleichmäßigem Querschnitt wird von einem geraden, stromführenden Leiter in Achsenrichtung durchsetzt, so durchlaufen die Kraftlinien des vom Strom erzeugten Feldes den Kreisring in Umfangsrichtung (Abb. 2). Mit der weiteren Annahme, daß die Stärke des Rings klein gegen den Radius ist, kann man sagen, der Ring sei gleichmäßig magnetisiert und die Kraftliniendichte im Eisen sei überall gleich. Pole treten also nicht auf. Ein solcher Eisenring besitzt für die Messung der magnetischen Induktion eine ideale Form, weil die Kraftlinien in ihm gleichmäßig und quellenfrei verlaufen. In einem geschlitzten Ring dagegen (Abb. 3) und erst recht in einer stabförmigen Probe von zylindrischem oder rechteckigen Quer-

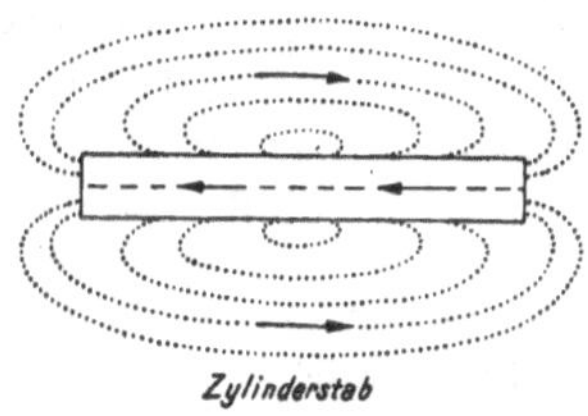

Abb. 4. Kraftlinienverlauf im magnetisierten Zylinderstab

schnitt können sich die im Eisen induzierten Kraftlinien innerhalb der Probe nicht mehr schließen (Abb. 4). Man spricht hier im Gegensatz zum geschlossenen vom ungeschlossenen magnetischen Kreis. Die Kraftlinien müssen aus dem Eisen in das angrenzende Medium austreten, welches eine geringere magnetische Permeabilität besitzt. Bei dem geschlitzten Eisenring mit engem Luftspalt wird die Flußrichtung fast unverändert beibehalten, und die Kraftliniendichte im Eisen ist dicht an den Spaltflächen nur wenig gegen die Kraftliniendichte im übrigen Eisen verändert. Bei einem kurzen zylindrischen Stab dagegen ist die Kraftliniendichte

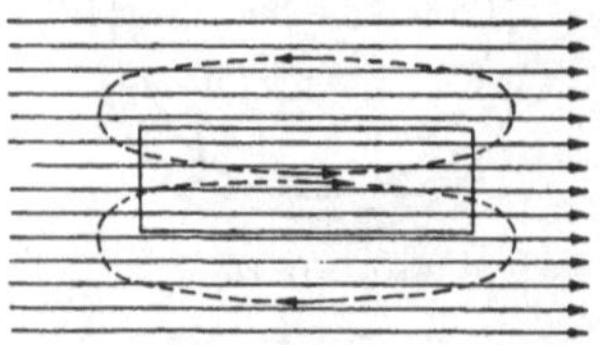

Abb. 5.
Magnetisierter Körper im homogenen Magnetfeld

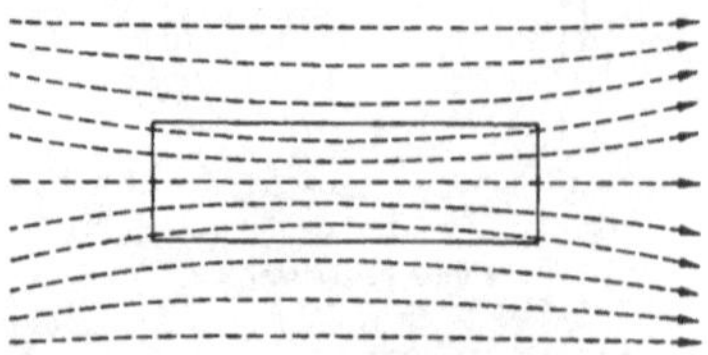

Abb. 6. Aus der Überlagerung der Kraftlinien d. magnetisierten Körpers und des homogenen Feldes resultierender Kraftlinienverlauf

an den Stabenden merklich kleiner als in der Stabmitte. Wie man an einem Feilspänebild leicht zeigen kann, haben auch beim zylindrischen Stab die Kraftlinien weder Anfang noch Ende, sondern sie laufen durch den Stab, treten aus dem Stab aus und an einer anderen Stelle wieder ein. In einer durch die Achse eines zylindrischen Magnetstabs gelegten Ebene sind auf der Höhe der Stabmitte die in einiger Entfernung von der Staboberfläche verlaufenden Kraftlinien zu den im Inneren verlaufenden antiparallel. Abb. 5 zeigt den ferromagnetischen Körper mit den in ihm induzierten Kraftlinien in ein homogenes Feld hineingezeichnet. An den Stirnseiten des Zylinders sind die vom Eisen ausgehenden Induktionslinien den Feldlinien parallel und verstärken das Feld; in der Nähe der Zylindermitte sind sie dem Feld entgegengerichtet und schwächen es. In Abb. 6 sind nur die resultierenden Kraftlinien gezeichnet. Der Magnetisierungszustand des Prüflings wird nun aber durch das wirksame (wahre) Feld H_w an seiner Oberfläche bestimmt; dieses ist kleiner als das ohne die Anwesenheit von Eisen in der Spule erzeugte Feld, welches als äußeres Feld H_a bezeichnet wird. Die Schwächung des äußeren Feldes ($H_e = H_a - H_w$) ist eine Funktion der geometrischen Gestalt des Prüflings. Für Ellipsoide ist sie streng berechenbar.

Die Rechnung ergibt für das entmagnetisierende Feld:

$$H_e = \alpha \cdot \varkappa \cdot H_w \text{ ; } \varkappa = \text{Suszeptibilität} \tag{11}$$

Der Zahlenfaktor α trägt der geometrischen Gestalt Rechnung. Die Magnetisierung berechnet sich dann wie folgt:

$$J = \varkappa \cdot H_w \cdot \mu_0 = \varkappa \cdot \mu_0 \cdot (H_a - H_e) = \varkappa \cdot \mu_0 \cdot (H_a - \alpha \cdot \varkappa H_w)$$

$$J = \varkappa \cdot \mu_0 \cdot \left(H_a - \alpha \cdot \frac{J}{\mu_0}\right)$$

Hieraus folgt für das wahre Feld:

$$H_w = H_a - \alpha \cdot \frac{J}{\mu_0} \tag{12}$$

$$\text{A/cm} \quad \text{A/cm} \quad \frac{\text{Vs}}{\text{cm}^2} \cdot \frac{\text{A} \cdot \text{cm}}{\text{Vs}}$$

(Im cgs-System sind J und H dimensionsgleiche Größen; bei Benutzung des cgs-Systems fällt der Faktor μ_0 in Gleichung (12) fort; Gleichung (12) würde lauten: $H_w = H_a - \alpha J$.)

In Rotationsellipsoiden ist, sofern ihre Achse dem Feld parallel ist, die durch den Entmagnetisierungsfaktor bedingte Feldschwächung in allen Volumenabschnitten die gleiche. Das Rotationsellipsoid ist daher sowohl für ballistische Messungen im ungeschlossenen Eisenkreis als auch für magnetometrische Messungen eine sehr günstige Probenform. Leider ist seine Herstellung viel mühsamer als die eines Zylinders. E. Maurer und W. Meißner (Mitt. K.W.I. Eisenforschung 3 (1922) S. 23) haben gezeigt, daß die gleichmäßige Magnetisierung des Volumens auch für einen Kegelstab noch in recht guter Näherung gilt, wenn für dessen Herstellung die in Abb. 7 angegebenen Zahlenverhältnisse eingehalten werden. Sind d und l die Achsen des Ellipsoids und e die Exzentrizität $\left(e = \sqrt{1 - \frac{d^2}{l^2}}\right)$, so ergibt sich für den Entmagnetisierungsfaktor:

$$\alpha = \frac{1 - e^2}{e^2}\left(\frac{1}{2e} \ln \frac{1 + e}{1 - e} - 1\right) \tag{13}$$

Tabelle 2 gibt für verschiedene Werte von $\frac{l}{d}$ die Entmagnetisierungsfaktoren für Rotationsellipsoide und auch für Zylinder an. Bei der Berechnung von H_w aus Gl. (12) mit den in Tabelle 2 verzeichneten Entmagnetisierungsfaktoren ist J in Vs/cm² und μ_0 mit $1{,}256 \cdot 10^{-8}$ Vs/Acm anzusetzen. Wird J in Gauß angegeben, so rechne man:

$$H_w = H_a - \alpha \frac{J}{1{,}256} \text{ A/cm oder} \tag{14}$$

$$H_w = H_a - \alpha \cdot J \text{ Oe}$$

Da die Magnetisierung in vielen Darstellungen abweichend von unserer Definition als $\frac{B_m - B_0}{4\pi}$ definiert wird, findet man meistens die Entmagnetisierungsfaktoren um den Faktor 4π vergrößert und mit dem Buchstaben N bezeichnet.

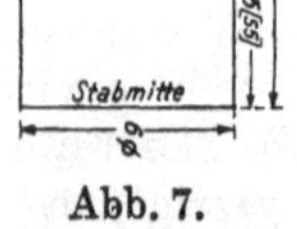

Abb. 7. Abmessungen des Kegelstabs nach Maurer und Meissner

Entmagnetisierungsfaktoren für dreiachsige Ellipsoide findet man bei L. Graetz, Handbuch der Elektrizität und des Magnetismus Bd. 4, S. 151, Leipzig 1920.

Bei Ellipsoiden ist α unabhängig von J; bei Zylindern spielt auch die Suszeptibilität hinein. Genaue Werte für Zylinderstäbe, die auch der Suszeptibilitätsabhängigkeit von α Rechnung tragen, findet man bei F. Stäblein u. H. Schlechtweg (Z. S. Phys. Bd. 95 (1935) S. 630/46). Bei der ballistischen Methode wird die Magnetisierung in der Probenmitte gemessen; die magnetometrische Methode mittelt

Tabelle 2

Entmagnetisierungsfaktoren für in Achsenrichtung magnetisierte Rotationsellipsoide und Zylinder (letztere nach Shuddemagen; umgerechnet).

$$\alpha = \frac{N}{4\pi}$$

Dimensionsverhältnis l/d	Entmagnetisierungsfaktoren α	
	Ellipsoid	Zylinder
1	0,33333	—
2	0,17356	—
5	0,05582	
10	0,02029	0,01623
15	0,01075	0,00843
20	0,006749	0,00535
25	0,0047	0,00372
30	0,003444	0,00274
40	0,002116	0,00168
50	0,001443	0,00115
60	0,001052	0,000828
70	0,0008047	0,000633
80	0,0006369	0,000497
90	0,0005182	0,000403
100	0,0004299	0,000334
150	0,0002091	0,000162
200	0,0001248	0,000095
300	0,00005997	
500	0,00002363	

über das ganze Volumen. Die magnetometrischen Entmagnetisierungsfaktoren für Zylinder sind etwas größer als die ballistischen. (Näheres bei J. Würschmidt, Theorie des Entmagnetisierungsfaktors und der Scherung von Magnetisierungskurven, F. Vieweg, Braunschweig 1925.)

Die Bestimmung des wahren Feldes geschieht entweder rechnerisch oder graphisch nach Abb. 8. Man trägt die beobachteten

J-Werte als Funktion des Spulenfeldes auf und legt durch den Koordinatennullpunkt die Scherungslinie derart, daß $\sphericalangle AOB = \alpha$. Der zur Magnetisierung J gehörige Wert von H wird um den zur gleichen Magnetisierung zugehörigen Abstand der Scherungslinie

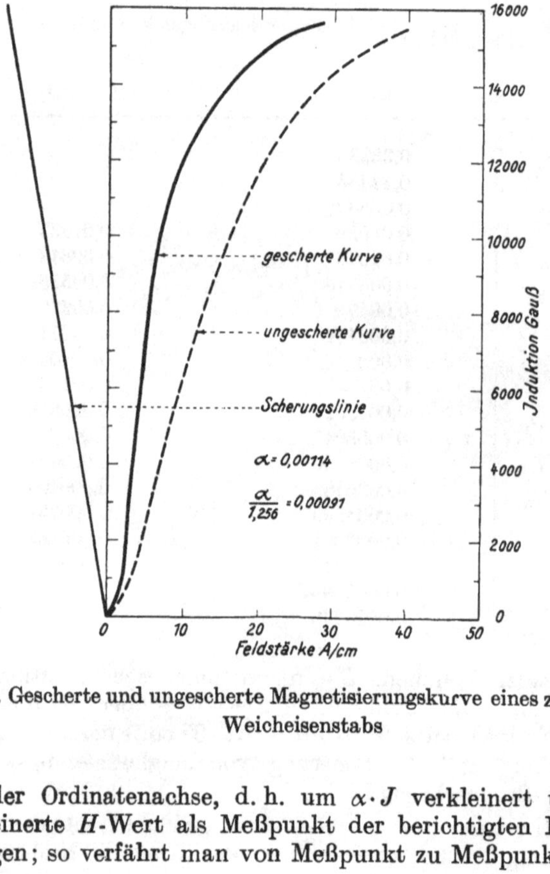

Abb. 8. Gescherte und ungescherte Magnetisierungskurve eines zylindrischen Weicheisenstabs

von der Ordinatenachse, d. h. um $\alpha \cdot J$ verkleinert und dieser verkleinerte H-Wert als Meßpunkt der berichtigten Kurve eingetragen; so verfährt man von Meßpunkt zu Meßpunkt.

C. Die Magnetisierungskurve

Der Ferromagnetismus unterscheidet sich vom Paramagnetismus durch die um mehrere Größenordnungen höhere Suszeptibilität und durch die Hysterese. Beide Größen sind von Werkstoff zu Werkstoff außerordentlich verschieden. Die relativen Permeabilitäten der ferromagnetischen Stoffe liegen zwischen der Größenordnung 1 und der Größenordnung 10^6. Die Hystereseverluste pro cm^3 und Zyklus liegen zwischen $3 \cdot 10^{-1} \frac{\text{Wattsec}}{\text{cm}^3}$ (Alnico 400) und ca. $3 \cdot 10^{-7} \frac{\text{Wattsec}}{\text{cm}^3}$ (Supermalloy). Die chemische Zusammensetzung ist jedoch für das magnetische Verhalten eines Werkstoffs durchaus nicht allein maßgeblich; selbst bei ein und derselben Zusammensetzung werden die magnetischen Eigenschaften durch Wärmebehandlung und plastische Verformung oft stark verändert. Auch bei festgehaltenem Gefügezustand spielen Temperatur und Druck, elastische Spannungen und die Orientierung der Kristallite zum magnetischen Feld noch eine große Rolle. Wenn im Folgenden von der Magnitisierungskurve als dem Ausdruck der Beziehung zwischen der Magnetisierung und der Feldstärke gesprochen wird, sind die oben aufgezählten Einflußgrößen als bekannt oder doch unveränderlich vorausgesetzt. Aber selbst dann ist die Magnetisierung keine eindeutige Funktion der Feldstärke, sondern sie wird durch die zeitlich vorausgehenden Veränderungen der Feldstärke noch beeinflußt. Das Wort „Hysterese" leitet sich von *υστερος* (hysteros) = später ab und bedeutet eben, daß die Magnetisierung dem Feld nicht unmittelbar folgt; durch die magnetische Vorgeschichte wird der spätere Magnetisierungszustand noch beeinflußt. Im gleichen Sinne bedeutet das Wort Remanenz (abgeleitet vom lateinischen remanere = zurückbleiben) die Magnetisierung, die im Werkstoff nach einer vorausgehenden Einwirkung eines Magnetfeldes noch zurückbleibt, wenn das Feld verschwindet. Diese bleibende Magnetisierung erklärt man sich folgendermaßen: Bei gegebener Temperatur sind die ferromagnetischen Stoffe stets bis zu einer gewissen konstanten Höhe magnetisiert; die Magnetisierungsrichtung ist aber nicht an jeder Stelle, ja nicht einmal in einem einzelnen Kristall überall gleich. Die Kristalle sind in kleine räumliche Bezirke unterteilt, die Weiß'schen Bezirke, in denen der Magnetisierungsbetrag konstant und die Magnetisierungsrichtung einer der Kristallachsen parallel ist.

Die schematische Abb. 9 zeigt einen Schnitt durch einen einzelnen kubischen Kristall, der in viele Weiß'sche Bezirke unterteilt ist. Zwei Kristallachsen liegen in der Zeichenebene, die dritte senkrecht dazu. Die Pfeile geben die Magnetisierungsrichtungen an. Die im schematischen Bild gleich groß gezeichneten Bezirke stelle man sich in Wirklichkeit ungleich groß vor. Die magnetischen Momente der einzelnen Weiß'schen Bezirke heben sich in ihrer Wirkung nach außen zum Teil gegenseitig auf; daher erscheint die äußere (pauschale) Magnetisierung, nämlich die Vektorsumme über die magnetischen Momente der einzelnen Weiß'schen Bezirke kleiner als die ohne Rücksicht auf die Richtung erhaltene algebraische Summe derselben. Da die einzelnen Kristalle eines metallischen Körpers für gewöhnlich mit ihren Achsen nicht parallel gerichtet sind, wird die pauschale Magnetisierung eines größeren Volumens von der eines herausgegriffenen einzelnen Kristalls in der Regel noch merklich verschieden sein.

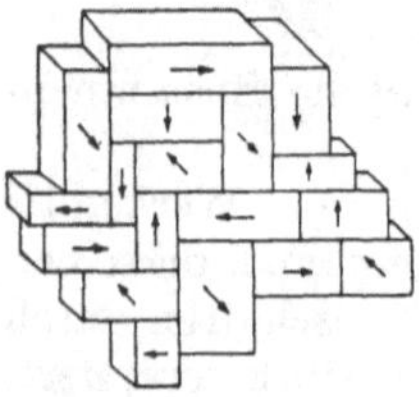

Abb. 9. Schema eines Eisenkristalls mit Weiß'schen Bezirken nicht magnetisiert. Die Pfeile weisen in Richtung der 3 Würfelkanten

Die Größe der Weiß'schen Bezirke ist nicht unveränderlich. Durch Anlegen eines Magnetfeldes können einzelne Bezirke, deren Magnetisierungsrichtung der Feldrichtung benachbart ist, auf Kosten anderer Bezirke, deren Magnetisierungsrichtungen von der Feldrichtung stärker abweichen, wachsen; andere verschwinden dabei völlig; schließlich kann die Magnetisierungsrichtung der einzelnen Bezirke aus der Richtung der Kristallachsen in die Feldrichtung hineingedreht werden. Ist dies bei sämtlichen Bezirken geschehen, so ist der Werkstoff magnetisch gesättigt. Die pauschale Magnetisierung der Volumeneinheit stimmt jetzt mit der der einzelnen Bezirke überein. Beim Abschalten des Feldes kehren die Magnetisierungsvektoren der Weiß'schen Bezirke wieder in die den Kristallachsen parallelen Lagen zurück; in erster Linie werden dabei diejenigen Achsenrichtungen eingenommen, die mit der bisherigen Feldrichtung den kleinsten Winkel einschließen. Infolgedessen überwiegt in der Vektorensumme, welche jetzt die Magnetisierung darstellt, der Anteil dieser Richtung, und daher erscheint nach außen eine bleibende Magnetisierung, die Remanenz.

Wir kommen zurück auf die Magnetisierungskurve und betonen jetzt, daß diese den Zusammenhang zwischen der Feldstärke und der nach außen wirksamen Magnetisierung darstellt. Während also die Weiß'schen Bezirke wachsen oder verschwinden oder sich in die Feldrichtung eindrehen, stellt die Magnetisierungskurve die Summe aller dieser in submikroskopischen oder mikroskopischen Dimensionen verlaufenden Einzelvorgänge dar. Nun gibt es zwar für jeden ferromagnetischen Werkstoff nahezu beliebig viele Magnetisierungskurven; man versteht indessen, wenn man ohne erläuternden Zusatz von der Magnetisierungskurve spricht, entweder die Neukurve (Abb. 10), nämlich diejenige Reihe von Wertepaaren für Feld und Magnetisierung, die vom entmagnetisierten Zustand mit $H = 0$ und $J = 0$ ausgeht und bei stetiger Steigerung des Feldes zur Sättigungsmagnetisierung führt, oder man versteht unter Magnetisierungskurve die „äußere" Kurve; diese führt von der positiven Sättigung mit abnehmender Feldstärke zur Remanenz J_r, d. h. zur bleibenden Magnetisierung beim Felde Null, von dort im Bereich negativer Feldstärken weiter zum Schnittpunkt mit der Feldachse und noch weiter bei negativen Feldern bis zur negativen Sättigung, von dort mit abnehmendem negativen Feld zur negativen Remanenz, dann zum Schnitt mit der positiven Feld-

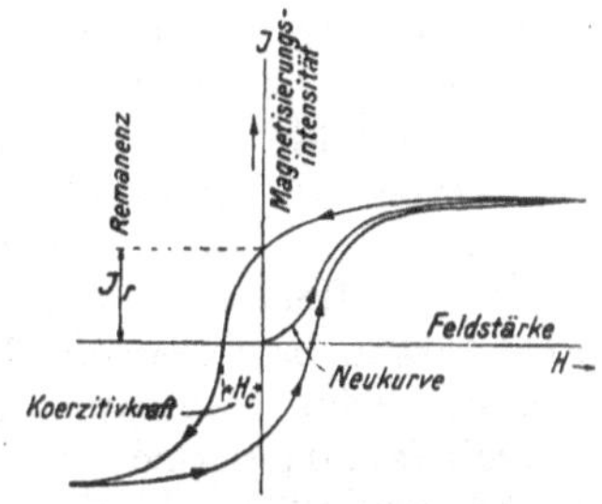

Abb. 10. Neukurve und Magnetisierungsschleife eines ferromagnetischen Körpers

achse und schließlich zurück zur positiven Sättigung. Diese geschlossene Kurve wird auch äußere Magnetisierungsschleife genannt. Das Kurvenstück von der negativen Sättigung über die negative Remanenz bis zur positiven Sättigung heißt aufsteigender Ast; die andere Hälfte heißt absteigender Ast. Zu den äußeren Kennzeichen der Magnetisierungsschleife gehören die beiden Spitzkehren bei hoher positiver und hoher negativer Feldstärke und ihre Drehspiegelsymmetrie; bezeichnet man nämlich in allgemeinster Form mit $J = F(H)$ den funktionellen Zusammenhang zwischen der Magnetisierung J und der Feldstärke H, so lautet die Symmetriebedingung:

$$F(-H) = -J \tag{15}$$

Dies bedeutet in Worten: Gehört zu einem gegebenen positiven Betrage des Feldes H_n ein Magnetisierungsbetrag J_n, so gehört zu einem Felde vom Betrage $-H_n$ ein Magnetisierungsbetrag von der Größe $-J_n$. Beispielsweise sind also die Beträge der positiven und der negativen Sättigung oder die Beträge der positiven und negativen Remanenz oder die als Koerzitivkraft bezeichneten Feldstärken, bei denen die Magnetisierungsschleife die Feldstärkenachse schneidet, zahlenmäßig einander gleich. Die Magnetisierungsschleife ist eine periodische Funktion und durch eine Fourier'sche Reihe darstellbar; hierbei sind die geradzahligen Fourierkoeffizienten in jedem Falle gleich Null.

In den letzten Abschnitten wurde von der Magnetisierungskurve als dem graphischen Ausdruck der Beziehung zwischen Magnetisierung J und Feldstärke H gesprochen. Man benutzt jedoch einer lässigen Gewohnheit folgend das Wort Magnetisierungskurve ebenso oft für den Zusammenhang zwischen der Induktion B und der Feldstärke H. Hier ist jedoch ein Unterschied zu beachten, der insbesondere bei magnetisch harten Werkstoffen nicht zu vernachlässigen ist. Die Sättigungsmagnetisierung ist der Grenzwert, dem die Magnetisierung J mit ständig wachsendem Felde H zustrebt. Die Induktion dagegen nimmt auch bei hohen Feldern noch ständig zu. Werden, wie es im cgs-System geschieht, Magnetisierung und Feldstärke in dimensionsgleichen Einheiten ausgedrückt, so ist ja $B = 4\pi J + H$; oder im praktischen Maßsystem:

$B = J + H\mu_0$. Die Kurven $J = f(H)$ und $B = F(H)$ haben demnach nur 2 Punkte gemeinsam, nämlich die beiden Remanenzpunkte, für die $H = 0$ ist. Bei der Koerzitivkraft (Abb. 11) ist der

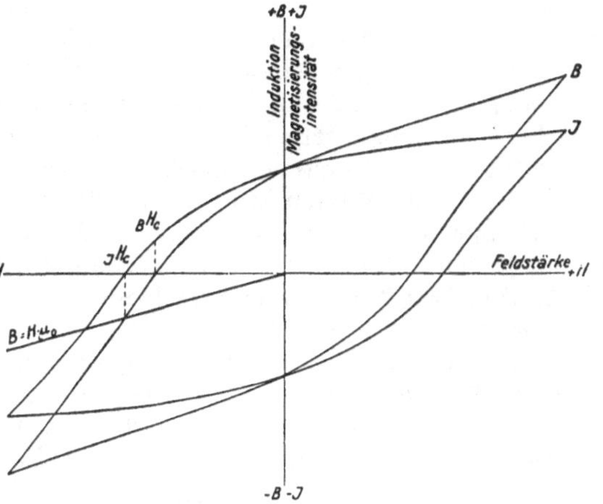

Abb. 11. Induktionskurve und Magnetisierungskurve; Induktionskoerzitivkraft $_BH_c$ und Magnetisierungskoerzitivkraft $_JH_c$

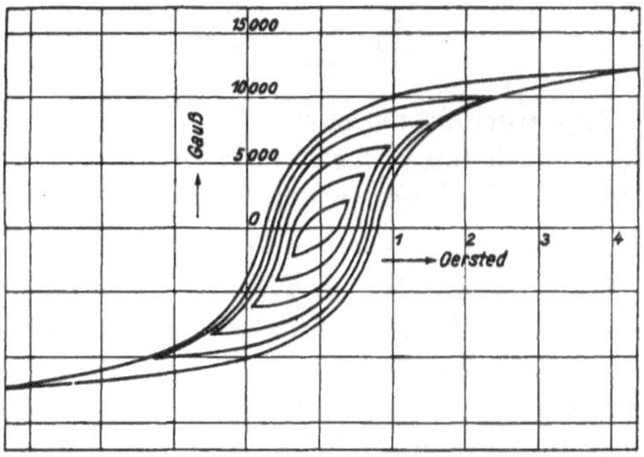

Abb. 12. Unvollständig ausgesteuerte Magnetisierungsschleifen. Werkstoff: Hochlegiertes Dynamoblech

Unterschied der Induktionskoerzitivkraft $_BH_c$ von der Magnetisierungskoerzitivkraft $_JH_c$ bei großen Beträgen von H_c oft beträchtlich; bei Beträgen von H_c unter 50 A/cm kann er meist vernachlässigt werden.

Der Sprachgebrauch redet auch von Magnetisierungsschleifen, deren Höchstfeldstärke nicht ausreicht, um den Werkstoff bis zur Sättigung zu magnetisieren, die aber ebenso wie die äußere Schleife als periodische Funktionen gelten können, die mit der gleichen Symmetriebedingung wie erstere zwischen paarweise gleichen positiven und negativen Werten hin und her pendeln (Abb. 12). Genauer bezeichnet man diese als unvollständig ausgesteuerte Schleifen und benutzt das Wort Magnetisierungsschleife nur für die äußere Kurve. Das Wort Hysteresisschleife wird gleichsinnig mit der Magnetisierungsschleife benutzt; wie der Name besagt, kann man aus ihrem Flächeninhalt die Hysteresearbeit, d. h. die die in Wärme umgewandelte magnetische Energie je Raumeinheit und Umlauf berechnen. Wird die Induktion in Gauß und die Feldstärke in Amp/cm gezählt, so ist die Verlustenergie

$$V = \oint B\,d\,H \cdot 10^{-8}\ \frac{\text{Wattsec}}{\text{cm}^3} \qquad (16)$$

Benutzer des cgs-Systems rechnen mit Gauß und Oersted und schreiben:

$$V = \oint \frac{B\,d\,H}{4\pi}\ \text{erg/cm}^3$$

Für Werkstoffe, deren Magnetisierungsschleifen so schmal sind, daß aufsteigender und absteigender Ast praktisch zusammenfallen, ist auch der Inhalt der Schleife Null, d. h. sie sind frei von Hysterese.

Die bisher betrachteten Schleifen stellen zyklische Magnetisierungsänderungen dar, die vom pauschal unmagnetischen Zustand ausgehend durch Anlegen eines Feldes und wiederholtes Umpolen dieses Feldes erreicht werden. Diese Schleifen sind zum Koordinatennullpunkt ($H = 0$, $B = 0$) symmetrisch. Man stelle sich nun einen Magnetisierungsprozeß vor, bei dem der Werkstoff aus dem unmagnetischen Zustand mit einem Felde H_1 magnetisiert wird, so daß seine Induktion den Betrag B_1 erreicht. Vermindert man nun das Feld um den gegen H_1 kleinen Betrag ΔH, so geht B um einen Betrag ΔB zurück; die jetzt erreichte Induktion B' liegt aber etwas höher, als die Neukurve für das Feld $(H_1 - \Delta H)$ angibt. Erhöht man das Feld wieder auf H_1, so kehrt B wieder von B' auf B_1 zurück. Die Induktion durchläuft zwischen B_1 und B' eine kleine in Abb. 13 schematisch dargestellte Schleife, die für gewöhnlich sehr flach ist; d. h. die Zyklischen Änderungen der Induktion beim Ansteigen und Absteigen der Feldstärke um ΔH verlaufen nahezu reversibel. Sind die Oszillationen, die das Feld mit der Amplitude ΔH ausführt, sehr klein, so nennt man den Quotienten $\frac{B_1 - B'}{\Delta H}$ die reversible Permeabilität mit dem Zeichen μ_{re}. Die reversible Permeabilität hat die Eigenschaft, mit zunehmender Feldstärke monoton abzunehmen, wohingegen die durch den Quotienten B/H bezeichnete (totale) Permeabilität bei den meisten Werkstoffen mit steigendem H ein Maximum durchläuft (Abb. 14). Für das Feld $H_1 = 0$ ist μ_{re} gleich der

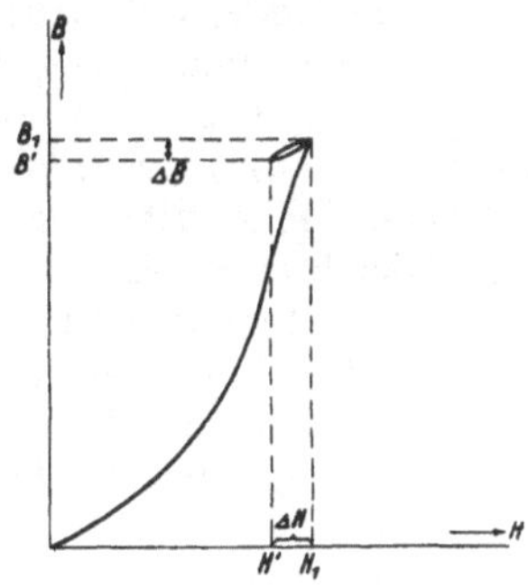

Abb. 13.
Zur Definition der reversiblen Permeabilität

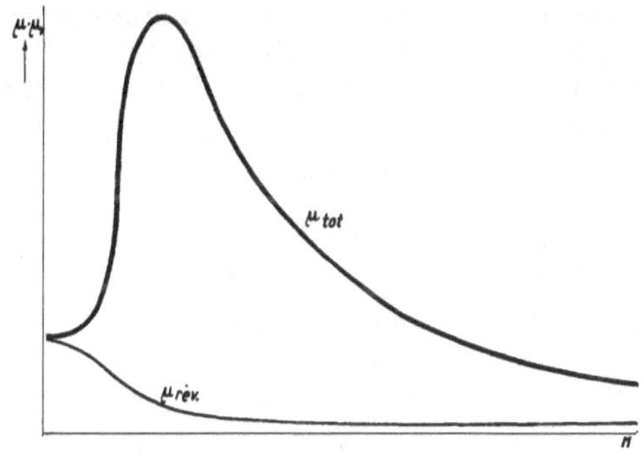

Abb. 14. Die reversible und die totale Permeabilität auf der Neukurve gemessen in Abhängigkeit vom Felde

Anfangspermeabilität μ_a. Die reversible Permeabilität spielt für die Magnetisierungsvorgänge bei Überlagerung von Gleich- und Wechselfeldern in magnetisch weichen Werkstoffen eine bedeutsame Rolle, und ebenso bei Dauermagneten, deren Magnetisierungszustand sich durch Vergrößerung und Verkleinerung des Luftspaltes, beispielsweise bei Verwendung in einer Lichtmaschine, periodisch ändert. Wegen des Zusammenhangs mit der Feldstärke kann man die reversible Permeabilität auch zur Messung von Gleichfeldern benutzen.

Die Erscheinung der Hysterese ist schon sehr früh als ein unregelmäßiges Verhalten des Werkstoffs empfunden worden, und viele Forscher haben sich bemüht, Behandlungen ausfindig zu machen, durch die die Hysterese verschwindet. Als ideale Magnetisierungskurve wurde eine Funktion angestrebt, die jedem Feldstärkenwert eindeutig und umkehrbar seine Induktion zuordnet. Es hat sich gezeigt, daß eine solche ideale Magnetisierungskurve tatsächlich zu verwirklichen ist, wenn man dem magnetisierenden Gleichfeld ein stetig bis auf Null abnehmendes Wechselfeld überlagert. Das anfängliche Wechselfeld soll etwa von der gleichen Größenordnung sein wie das Gleichfeld. Man erhält dann aufwärts und abwärts, d. h. sowohl bei zunehmender wie bei abnehmender Feldstärke ein und dieselbe Magnetisierungskurve. Besonders bemerkenswert ist der außerordentlich steile Anstieg der Magnetisierung bei kleinen Feldstärken; die Anfangspermeabilität der idealen Kurve ist praktisch unendlich groß. Bei Beobachtungen an Ellipsoiden wurde bis zu Induktionsbeträgen von 5000 Gauß ein wahres Feld von nahezu Null gefunden. (W. Steinhaus, Handbuch der Physik, Band 15, Seite 180, Springer-Verlag Berlin 1927.)

Diese große Anfangspermeabilität der idealen Magnetisierungskurve ist jedoch an die Bedingung gebunden, daß der Werkstoff im metallographischen Sinne homogen ist. Treten dagegen unmagnetische Gefügebestandteile auf, so bewirken diese eine gewisse Selbstentmagnetisierung; man beobachtet auch bei überlagertem Wechselfeld einen Anstieg der Magnetisierung mit dem Feld, der kleiner ist als der aus dem geometrischen Entmagnetisierungsfaktor berechnete Anstieg. Nach J. L. Snoek (Physika 3

(1936) S. 463) kann man diesen Befund so deuten, als ob zu dem durch die äußere, geometrische Gestalt der Probe bestimmten Entmagnetisierungsfaktor noch ein weiterer Faktor, genannt innerer Entmagnetisierungsfaktor hinzugetreten sei. Wenn also die Anfangsneigung der ungescherten idealen Magnetisierungskurve nämlich das Verhältnis $\frac{H}{J} = N_m$ den gemessenen Entmagnetisierungsfaktor bedeutet, so ist:

$$N_m - N_b = N_i \tag{17}$$

Der innere Entmagnetisierungsfaktor N_i ist gleich der Differenz des gemessenen Entmagnetisierungsfaktors N_m gegen den aus der geometrischen Gestalt berechneten Entmagnetisierungsfaktor N_b. Nach Snoek läßt sich überschlagsweise das von den unmagnetischen (luftähnlichen) Gefügebestandteilen eingenommene Volumen V_L aus dem Gesamtvolumen V_s und dem inneren Entmagnetisierungsfaktor N_i gemäß folgender Gleichung berechnen:

$$\frac{V_L}{V_s} = \frac{3 N_i}{4\pi + N_i} \sim \frac{1}{4} N_i \tag{18}$$

Nach diesem Verfahren sollen noch sehr kleine Gefügeanteile unmagnetischer Phasen bis zu etwa 1‰ erkennbar sein; das Verfahren kann daher gelegentlich die metallographische Untersuchung sehr wirksam ergänzen (vgl. J. L. Snoek in R. Becker, Probleme der technischen Magnetisierungskurve, Springer, Berlin 1938, S. 73/92).

Über die Größenordnung der Werkstoffkennziffern ferromagnetischer Stoffe mögen einige kurze Angaben genügen. (Näheres bei W. S. Meßkin und A. Kußmann, Die ferromagnetischen Legierungen und ihre gewerbliche Verwendung, Springer-Verlag, Berlin 1932; ferner O. v. Auwers in Gmelins Handbuch der anorganischen Chemie System Nr. 59 Eisen, Teil A II, S. 1421 bis S. 1634 und Teil D, S. 1 bis S. 334 und Teil D, Erg. S. 1–122, Verlag Chemie Berlin 1934–1937.) Das magnetische Verhalten wird in erster Linie durch zwei Eigenschaften bestimmt, die Sättigungsmagnetisierung und die Koerzitivkraft. Die Sättigung beträgt für reines Eisen ca. 21 600 Gauß, für Nickel dagegen nur ca. 7000 Gauß und für Kobalt 17900 Gauß. Eisen-Kobalt-Legierungen mit 35 bis 50% Co erreichen beinahe 24000 Gauß. Im übrigen setzen die Legierungselemente, die man den ferromagnetischen Metallen zufügt, deren Sättigungsmagnetisierung herab. Die Koerzitivkraft der ferromagnetischen Stoffe ist in sehr weiten Grenzen veränderlich. Stoffe mit hoher Koerzitivkraft nennt man magnetisch hart; Stoffe mit geringer Koerzitivkraft heißen magnetisch weich. Die magnetisch härtesten Stoffe erreichen Koerzitivkräfte von einigen Tausend A/cm (${}_BH_c$-Werte bestens etwa 2000 A/cm; ${}_IH_c$-Werte bestens bis zu 5000 A/cm). Die technisch gebräuchlichen Dauermagnete liegen zwischen 50 und einigen Hundert A/cm. Die Koerzitivkraft der magnetisch weichsten Stoffe liegt z. Zt. in der Größenordnung 10^{-3} A/cm; normale Transformatorenbleche liegen in der Größenordnung 0,5 A/cm. Die Permeabilitäten der magnetisch harten und der magnetisch weichen Stoffe verhalten sich umgekehrt. Die relativen Permeabilitäten der Dauermagnetwerkstoffe gehen herab bis zu 1,5; technisch gebräuchliche Stoffe liegen zwischen 4 und 25. Bei den weichen Stoffen wird in der Spitze eine Maximalpermeabilität von 10^6 erreicht; technisch gebräuchliche Werte liegen zwischen 5000 und 80000, z. B. Trafoblech IV bei ca. 8000. Anfangspermeabilitäten magnetisch weicher Stoffe liegen zwischen ca. 300 und 30000, in der Spitze sogar bis zu 100000. Weicher, unlegierter Stahl nimmt eine mittlere Stellung ein: Sättigung ca, 21000 Gauß, Koerzitivkraft 10 bis 20 A/cm, Maximalpermeabilität Größenordnung 1000. Um wenigstens angenähert die Sättigung zu erreichen, benötigt man wahre Feldstärken, die ein Vielfaches der Koerzitivkraft ($H \geqq 10\,Hc$) betragen. Bei einem Entmagnetisierungsfaktor α muß das äußere Feld noch um den Betrag $\frac{\alpha \cdot J\infty}{\mu o}$ größer sein als 10 Hc.

Die angegebenen Zahlen gelten für die Temperatur 20° C, welche für die Mehrzahl der ferromagnetischen Stoffe noch weit unter dem Curiepunkt liegt. Die Curiepunkte der reinen Metalle Fe, Co und Ni liegen bei 768°, 1100° und 365° C. Durch Legierungsbildung werden im allgemeinen die magnetischen Umwandlungspunkte gesenkt.

IV. Erzeugung magnetischer Felder

Die für die Messungen an ferromagnetischen Stoffen benötigten Felder werden entweder mittels stromführender elektrischer Leiter ohne Eisen oder mit Hilfe von Elektromagneten oder gelegentlich auch mit Dauermagneten erzeugt. Das erdmagnetische Feld kann als Sonderfall eines von einem riesigen Dauermagneten erzeugten Feldes gelten. Der Richtung der Kraftlinien nach unterscheidet man geradlinige und gekrümmte Felder; der örtlichen Feldstärke nach homogene Felder die in einem begrenzten Raum überall, gleich stark und gleich gerichtet sind, und inhomogene Felder mit einem Feldstärkengefälle.

A. Eisenlose Spulen

Geradlinige, homogene Magnetfelder bis zu einigen hundert Amp/cm stellt man am einfachsten in eisenlosen Zylinderspulen her; sie sind entweder körperlos, oder sie enthalten einen unmagnetischen Körper, auf den der stromführende Leiter mit

Abb. 15. Zylinderspule

gleichmäßiger Windungsdichte aufgewickelt ist (Abb. 15). Für die unendlich lange Zylinderspule mit der Länge l und der Windungszahl n berechnet sich die Feldstärke H aus:

$$H = \frac{ni}{l} \text{ A/cm oder} \tag{19}$$

$$H = 1{,}256 \frac{ni}{l} \text{ Oe}$$

Die Richtung, in die sich der Nordpol einer frei beweglichen Kompaßnadel einstellt, wird als positive Richtung bezeichnet. Die Feldrichtung in der Spule ergibt sich aus den Schraubenregeln:

1. Die magnetischen Feldlinien umlaufen einen Strom in dem Sinn, in dem man eine rechtsgängige Schraube drehen muß, damit sie sich in der positiven Stromrichtung verschiebt.

2. Der Nordpol einer frei beweglichen Kompaßnadel stellt sich in die Richtung ein, in der eine rechtsgängige Schraube fortschreitet, wenn man sie in dem Sinne dreht, in dem der positive Strom die Spule umfließt (Abb. 16).

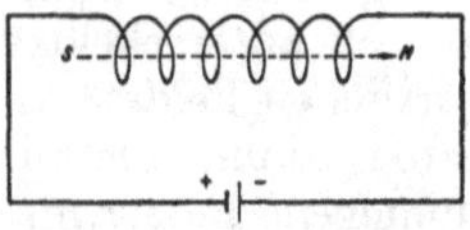

Abb. 16. Bestimmung der Feldrichtung aus der Schraubenregel

In Spulen von endlicher Länge ist das Feld weder in radialer Richtung noch in Achsenrichtung genau konstant. Bis zu einem Verhältnis des Spulendurchmessers zur Länge gleich 1 : 40 ist indessen H auf $^7/_8$ der Länge bis auf 1 $^0/_0$ konstant und auf $^2/_3$ der Länge sogar bis zu $^0/_{00}$.

Beim Bau von Spulen ist man häufig an die verfügbare Spannung oder an Raummaße gebunden, die nicht überschritten werden dürfen. Zur überschläglichen Berechnung gerader Zylinderspulen sind folgende Formeln nützlich:

Feldstärke $H = \frac{ni}{l}$ A/cm

Spulenwiderstand $R = \frac{n\pi d\varrho}{q}\,\Omega$

Elektrische Leistung $L = \frac{E\cdot H\cdot l}{n} = \frac{E^2 q}{n\pi d\varrho}$ Watt

Gesamtwindungszahl $n = \frac{E\cdot H\cdot l}{L}$

Kupfergewicht $G = n\cdot\pi\cdot d\cdot q\cdot 8{,}9$ gramm

Elektrische Leistung $L = \frac{E^2 q^2\, 8{,}9}{G\cdot\varrho}$ Watt $= \frac{\varrho\cdot 8{,}9}{G}(H\cdot\pi\cdot l\cdot d)^2$

Drahtquerschnitt $q = \frac{L\cdot n\cdot\pi d\cdot\varrho}{E^2}$ cm²

Stromstärke $i = \frac{H \cdot l}{n}$ A

Zulässige Belastungszeit bis zum Erreichen einer Übertemperatur von 60° C
$$t = \frac{G \cdot c_p \, 4{,}2}{L} \text{ min} = \frac{G \cdot 0{,}396}{L} \text{ min}$$

Hierbei bedeuten: n Gesamtwindungszahl; i Stromstärke A; l Spulenlänge cm; d mittlerer Durchmesser einer Windung cm; ϱ spezifischer Widerstand des Drahtes $\Omega \cdot$ cm; q Drahtquerschnitt cm²; E Spannung V; c_p spezifische Wärme des Kupfers $\frac{\text{cal}}{\text{gramm °C}}$.

Wenn gleichzeitig ein sehr gut homogenes Feld und außerdem noch Zugänglichkeit des Feldraums von der Seite her verlangt werden, verwendet man gern die Helmholtzsche Anordnung mit zwei flachen, konzentrischen Zylinderspulen im Achsenabstand a (Abb. 17), wobei a gleich dem Radius der Spulen ist. Streng genommen ist die Feldstärke in der Achsenrichtung zu beiden Seiten des Symmetriezentrums nur konstant, wenn der Abstand a und der Radius R genau gleich sind, d. h. wenn die Spulen nur aus je einer Windung bestehen. Bei Spulen mit größerem Querschnitt bleiben nach K. Sauerwein (Die Naturwissenschaften 30 (1942) S. 494/95) die Abweichungen von der Homogenität noch sehr klein, wenn die Zylinderspulen rechteckigen Querschnitt erhalten, so daß die Höhe der Einzelspule zu der in radialer Richtung gemessenen Breite im Verhältnis 1,097 : 1 steht, während der Spulenabstand a_m von Mitte zu Mitte dem mittleren Spulenradius R_m gleich ist. Das Feld in der Achsenrichtung kann als Funktion des Abstandes x vom Symmetriezentrum näherungsweise aus folgender Formel berechnet werden:

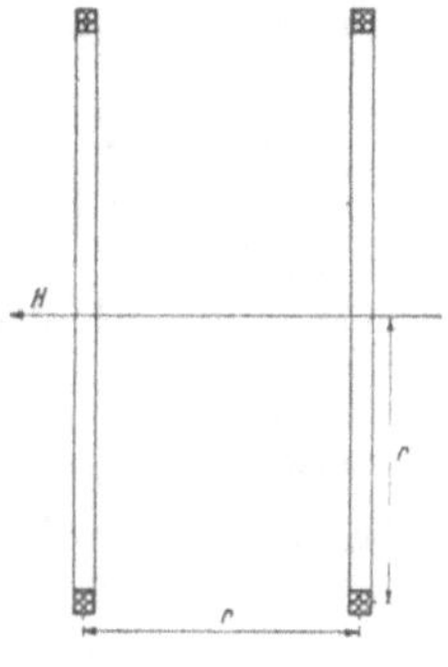

Abb. 17. Erzeugung sehr homogener Felder mit Spulenpaaren von kreisförmigem Querschnitt nach Helmholtz

$$H_x = 0{,}5\,ni \cdot \left[\frac{R_m^2}{(R_m^2 + (a_m + x)^2)^{3/2}} + \frac{R_m^2}{(R_m^2 + (a_m - x)^2)^{3/2}}\right] \text{A/cm} \tag{20}$$

Andere Konstruktionen verbessern die Feldkonstanz in der Spule durch zusätzliche Windungen an den Spulenenden oder durch Aufteilung der Zylinderspule in zahlreiche scheibenförmige Teilspulen mit regelmäßigen kleinen Zwischenräumen.

Wenn ein Feldstärkengefälle in Achsenrichtung gewünscht wird und wenn dies Gefälle unabhängig von der Höhe des Feldes in der Spulenmitte veränderlich sein soll, so bringt man an den Enden der Feldspule bzw. des Feldspulenpaares 2 zusätzliche gleiche Spulen mit ungleichem Windungssinn an; diese werden von einem besonderen Strom durchflossen; die eine verstärkt das Feld der Hauptspule, die andere schwächt es. Im Symmetriezentrum heben sich die Wirkungen der beiden Hilfsspulen auf; bei geeigneten Abmessungen ist der Feldstärkengradient zwischen den beiden Hilfsspulen konstant. (L. W. McKeehan, Rev. scient Instr. 5 (1934) S. 265/68.) (Abb. 18.)

B. Felderzeugung mit Elektromagneten

In eisenlosen Spulen geht man selten über Feldstärken von 2000 A/cm hinaus. Höhere Felder werden meist mit Elektromagneten erzeugt. Die hohe Sättigungsmagnetisierung des Eisens ($J_\infty = 21\,600$ Gauß) erlaubt eine Verdichtung der magnetischen Kraftlinien bis auf $3 \cdot 10^{-4}$ Voltsec/cm² (30000 Gauß) und noch etwas darüber. Der Elektromagnet besteht aus den Polen, dem Eisenrückschluß (oft

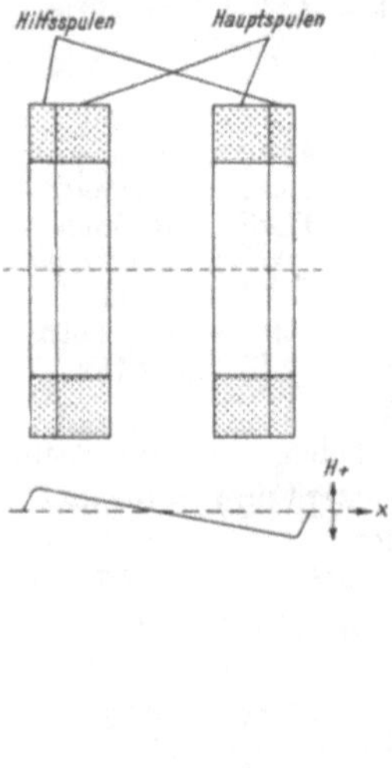

Abb. 18. Anordnung zur Erzeugung eines homogenen Feldes mit 2 Hauptspulen in Helmholtzscher Anordnung und zur Überlagerung eines Feldstärkengefälles mittels zweier Hilfsspulen: Verlauf des von den Hilfsspulen erzeugten Zusatzfeldes

Joch genannt) und der (meist unterteilten) Erregerwicklung. (Abb. 19). Der Aufwand an Amperewindungen, die für eine bestimmte Feldstärke H im Luftspalt benötigt werden, richtet sich

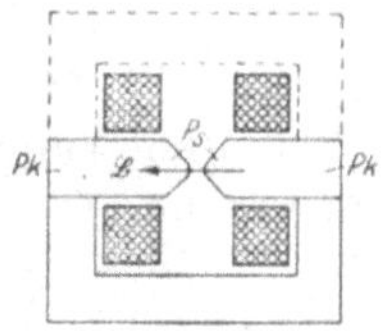

Abb. 19. Elektromagnet vom Weißschen Typus mit Feldspulen und zylindrischen Kernen P_K; Joch einfach oder doppelt

in erster Linie nach der Länge des Luftspaltes zwischenden Polen. Dies ergibt sich aus der Gleichung des magnetischen Kreises·

$$\Phi = \frac{n i \mu_0}{\frac{l_L}{q_L \cdot \mu_L} + \frac{l_m}{q_m \cdot \mu_m}} \tag{21}$$

hierin bedeuten Φ den magnetischen Fluß, n die Windungszahl, i den Erregerstrom, l_L und q_L Länge und Querschnitt des Luftspalts, l_m und q_m Länge und Querschnitt des Kraftlinienwegs im Eisen und μ_0 die Induktionskonstante. μ_L ist die relative Permeabilität der Luft, also nahezu 1 und μ_m die relative Permeabilität des Eisens im Elektromagneten. Der zweite Summand im Zähler ist wegen der hohen Permeabilität des Eisens klein; durch großen Eisenquerschnitt im Joch (evtl. zweiteilig (Abb. 19)) und Verjüngung des Eisenquerschnitts an den Polen wird eine weitere Verminderung des zweiten Gliedes erreicht. Die Verjüngung des Eisenquerschnitts an den Polen und die Verwendung von Kobalteisen an den Polspitzen ermöglichen bei kurzen Luftspalten eine Steigerung der Kraftliniendichte im Luftspalt bis zum 2 oder 3fachen Betrage der Sättigungsmagnetisierung des Eisens.

Die Gleichung des magnetischen Kreises hat eine formale Ähnlichkeit mit dem Ohm'schen Gesetz: $i = E/R$. Betrachtet man den magnetischen Fluß als Analogon zum elektrischen Strom und die Amperewindungszahl als Analogon zur Spannung, so kommt dem Nenner die Bedeutung eines Widerstands zu. Man nennt daher die Summanden des Zählers $\frac{l}{q\mu}$ auch magnetische Widerstände und ihre Kehrwerte magnetische Leitwerte.

Ausführliche Angaben über Abmessungen, Gewicht, erreichbare Feldstärke, nutzbaren Arbeitsraum, Betriebsstromstärke und Leistungsverbrauch der wichtigsten Elektromagnete für physikalische Zwecke findet man bei H. Neumann, A.T.M. Blatt Z 60 – 1 und Z 60 – 2 (1940). Ein besonders leistungsfähiger Elektromagnet mit relativ kleinen Abmessungen wurde von E. Justi (Phys. Z. S. 45 (1945) S. 244/58) beschrieben.

V. Feldstärkenmessung

Die Messung des magnetischen Feldes wird bei zahlreichen physikalischen, chemischen, metallurgischen, elektrotechnischen, geographischen und sonstigen Aufgaben benötigt. Im Rahmen dieses Buches sollen nur die Verfahren besprochen werden, die für die Prüfung der Eigenschaften ferromagnetischer Stoffe eine Rolle spielen. Einerseits braucht man die Feldmessung zur Eichung von Spulen, Elektromagneten, Magnetometern, Abschirmvorrichtungen und anderen Geräten, mit deren Hilfe die Eigenschaften ferromagnetischer Stoffe untersucht werden; andererseits braucht man sie unmittelbar am Werkstück. Wir besprechen zunächst das ballistische Galvanometer und anschließend Feldstärkenmessungen mit dem ballistischen Galvanometer.

A. Das ballistische Galvanometer

Die induktiven Verfahren messen den magnetischen Fluß Φ oder die Feldstärke durch die in einem elektrischen Leiter induzierte Spannung, die bei einer Änderung des Flusses auftritt. Die Spannung U ist der Änderungsgeschwindigkeit des Flusses proportional.

$$U = -d\Phi/dt \tag{22}$$

Der Fluß ist also gleich dem Zeitintegral der Spannung.

$$\Phi = \int U \, dt \tag{23}$$

Unter dem magnetischen Fluß ist hierbei die Summe der Kraftlinien zu verstehen, die durch die vom Leiter umschlossene Fläche hindurchtritt. Die vom Leiter umschlossene Fläche F befindet sich in einem Felde, welches senkrecht zur Windungsfläche verläuft. Die Kraftliniendichte sei B Gauß, der Fluß also $B \cdot F = \Phi$. Das Feld möge beispielsweise von einer langen Spule erzeugt werden, die von einem Strom durchflossen wird. Innerhalb der das Feld erzeugenden Spule befindet sich der Prüfling; beispielsweise sei dies ein zylindrischer Eisenstab mit dem Querschnitt q. Unmittelbar um den Zylinder herum sei eine Meßwicklung von n Windungen gelegt und mit einem Galvanometer verbunden. Beim Abschalten des Stromes verschwinden aus der Windungsfläche der Meßwicklung $B \cdot q$ Kraftlinien und erzeugen in ihr einen einmaligen Spannungsstoß von $n \cdot B \cdot q \cdot 10^{-8}$ Vs. Derselbe Spannungsstoß mit entgegengesetztem Vorzeichen wird aber auch induziert, wenn die Anzahl der umschlossenen Kraftlinien um den Betrag $B \cdot q$ zunimmt. Zur Messung dieser Spannungsstöße benutzt man ballistische Galvanometer. Gewöhnlich sind dies Drehspulgalvanometer und zwar entweder solche mit großem Trägheitsmoment des beweglichen Systems, wodurch die Schwingungsdauer erhöht wird, oder solche mit großer Dämpfungskonstante; letztere werden Kriechgalvanometer oder Fluxmeter genannt. Man verlangt, daß der Spannungsstoß, den man messen will, bereits abgelaufen ist, bevor sich das System merklich in Bewegung setzt. Beim ballistischen Galvanometer mit großer Schwingungsdauer beobachtet man den Ausschlag bis zum ersten Umkehrpunkt; die Schwingungsdauer dieser Geräte muß, schon damit der Beobachter einigermaßen sicher ablesen kann, einige Sekunden betragen. Gewöhnlich benutzt man Geräte mit 10 bis 20 sec Schwingungsdauer. Kriechgalvanometer erreichen vermögen ihrer hohen Dämpfung den Umkehrpunkt in kürzerer Zeit als ballistische Galvanometer mit hoher Schwingungsdauer; ihre Rückkehr zum Ausgangspunkt erfolgt jedoch sehr langsam. Beide Eigenschaften, der schnelle Ausschlag und das langsame Zurückgehen erleichtern die Arbeit des Beobachters.

Langsam schwingende Galvanometer sind zwar empfindlicher als Kriechgalvanometer, verbrauchen aber viel Zeit bis zum Abklingen der Schwingungen; infolgedessen werden Kriechgalvanometer mehr und mehr vorgezogen.

Um den Zeiger des Fluxmeters in die Ausgangsstellung zurückzuholen gibt man dem Fluxmeter über einen Vorwiderstand kleine Spannungsstöße aus einer Batterie.

Die Theorie des ballistischen Galvanometers findet man bei F. Kohlrausch (Lehrbuch der praktischen Physik, 14. Aufl., B. G. Teubner, Leipzig-Berlin 1923, S. 550ff.).

Mit dem ballistischen Galvanometer kann man die Zunahme oder Abnahme des von einem Leiter umschlossenen Kraftflusses messen, wenn sich dieser durch irgendein Ereignis ändert. Solche Ereignisse können sein Änderung des magnetischen Feldes beim Schließen oder Öffnen eines ein Feld erzeugenden Stromkreises, Änderung des Magnetisierungszustandes des magnetisierten Körpers infolge einer Feldänderung oder einer Temperaturänderung oder von Gefügeänderungen oder Änderungen des mechanischen Spannungszustandes des magnetisierten Körpers oder schließlich Bewegungen des magnetisierten Körpers relativ zu der an das ballistische Galvanometer angeschlossenen Meßwicklung.

Zur Eichung des ballistischen Galvanometers benutzt man einen bequem reproduzierbaren Spannungsstoß von passender Größe nach einem der beiden nachstehend beschriebenen Verfahren. Ein Normal der gegenseitigen Induktion erhält aus einer Batterie über einen veränderlichen Vorwiderstand einen mit einem Präzisionsamperemeter gemessenen Strom i, der die Primärwicklung durchfließt. Beim Abschalten dieses Stroms entsteht in der mit dem ballistischen Galvanometer verbundenen Sekundärwicklung ein Spannungsstoß im Betrage von $L \cdot i$ Vs (Abb. 20) beispielsweise also bei einer Induktivität L_{12} vom Betrage 0,01 Henry und einem Strom von 50 mA $0{,}01 \cdot 0{,}05 = 0{,}0005$ Vs oder 50000 Maxwell. Beträgt dann der Galvanometerausschlag β 100 Skalenteile, so ergibt sich die Galvanometrkonstante K aus Gleichung:

$$K = \frac{L \cdot i}{\beta} = \frac{0{,}010 \cdot 0{,}050 \cdot 10^8}{100} = 500 \text{ Maxwell pro Skalenteil} \quad (24)$$

Diese ballistische Konstante gilt jedoch nur für einen bestimmten Außenwiderstand im Galvanometerkreis; man muß also dafür

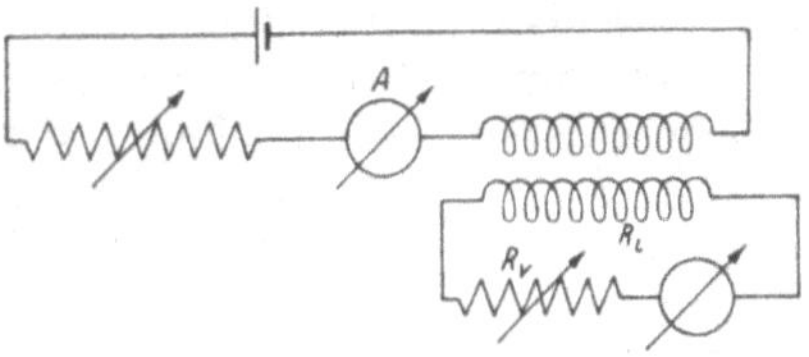

Abb. 20. Eichung des ballistischen Galvanometers mit einem Normal der gegenseitigen Induktivität

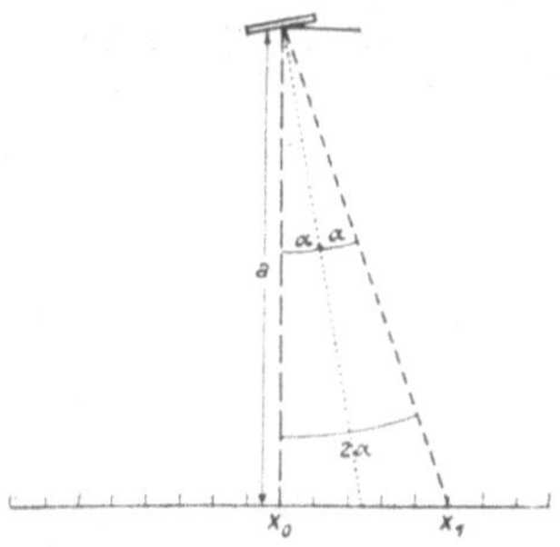

Abb. 21. Zur Tangentenkorrektur bei Lichtzeigergeräten →

sorgen, daß bei den Messungen die Summe der Außenwiderstände dem bei der Eichung benutzten Außenwiderstand $r' = (R_L + R_v)$ gleich ist. Ferner ist bei genaueren Messungen die Winkelkorrektur einzuführen.

Wird auf einer ebenen Skala, die dem Galvanometer im Abstande a gegenübersteht, ein Ausschlag von x_0 bis x_1 beobachtet, so ist der Drehwinkel 2α des Lichtzeigers durch $\operatorname{tg} 2\alpha = \frac{x_1 - x_0}{a}$ gegeben (Abb 21). Der gesuchte Spannungsstoß ist dem Drehwinkel des Lichtzeigers proportional. Nur bei kleinen Drehwinkeln ist die Tangente dem Bogen gleich; bereits bei einem Drehwinkel von 5°, was bei 2000 mm Skalenabstand 175,0 mm entspricht, ist die Tangente um $2\,^1/_2\,^0/_{00}$ größer als der Bogen; bei 10° sogar um $1\,^0/_0$.

Die Eichung mit dem Induktionsnormal erfordert eine sehr genaue Strommessung; Zeigerinstrumente sind bei hohen Genauigkeitsforderungen zu unsicher. Man benutzt dann zur Strommessung ein Voltameter, oder man führt die Eichung des ballistischen

Galvanometers mit dem Magnetetalon aus. Der Magnetetalon enthält zwei zylindrische gealterte Dauermagnetstäbe, die mit gemeinsamer Achse in kleinen Abstand voneinander so montiert sind, daß man die Eichspule vom einen auf den anderen Stab verschieben kann (Abb. 22). Die Magnete stehen sich mit gleichnamigen Polen gegenüber. Anschläge auf beiden Seiten sorgen dafür, daß die Spulenmitte sich nur vom Indifferenzpunkt des einen Magneten bis zu dem des anderen bewegen kann. Mit

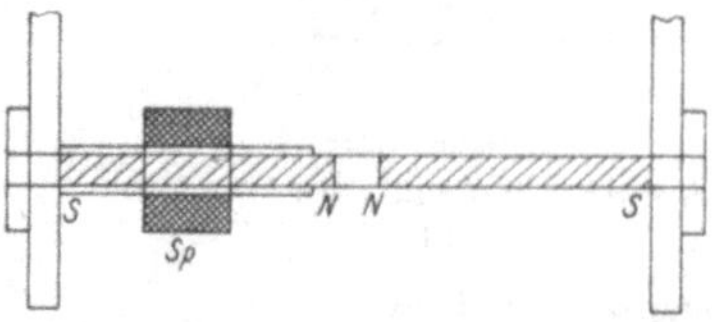

Abb. 22. Magnetetalon

gut gealterten Dauermagneten erhält man nach diesem Verfahren einen bequem und sicher reproduzierbaren Spannungsstoß ohne Präzisionsinstrumente; um den Anschluß an die Maßeinheit zu gewinnen, muß jedoch zuvor wenigstens eine Meßreihe auf dem zuerst beschriebenen Wege oder nach einem ähnlichen Verfahren mit größtmöglicher Genauigkeit ausgeführt werden.

Gewöhnlich richtet man die Empfindlichkeit so ein, daß die Summe aus dem Widerstand der Induktionsspule r_{sp} dem Widerstand der Zuleitungen r_1 und dem Vorwiderstand r_v gleich dem aperiodischen Grenzwiderstand des Galvanometers r' wird. Sollen nun sehr große magnetische Flüsse gemessen werden, so muß man die Empfindlichkeit des Galvanometers durch Erhöhung des Vorwiderstandes r_v herabsetzen und gleichzeitig durch einen Nebenschluß zum Galvanometer dem äußeren Widerstand wieder dem aperiodischen Grenzwiderstand r' gleich machen. Dies ergibt für den Nebenwiderstand r_n die Bedingung:

$$r_n = \frac{(r_v + r_{sp} + r_1) \cdot r'}{(r_v + r_{sp} + r_1) - r'} \tag{25}$$

Die Galvanometerkonstante K_1 des durch den Nebenschluß nach dieser Bedingung unempfindlich gemachten Galvanometers stellt zu der Galvanometerkonstante K_0 des aperiodisch arbeitenden Galvanometers ohne Nebenschluß in folgender Beziehung:

$$K_1 = K_0 \cdot \frac{r_v + r_{sp} + r_1}{r'} \tag{26}$$

B. Feldstärkenmessung mit dem ballistischen Galvanometer

Nach dem induktiven Verfahren mißt man magnetische Felder durch die einmaligen oder periodischen Spannungsstöße, die in elektrischen Leitern bei Änderungen des Feldes oder bei einer Bewegung relativ zum Felde erzeugt werden. Von den hierfür benutzten Meßspulen muß das Produkt aus Windungszahl und Windungsquerschnitt, die Windungsfläche, genau bekannt sein. Die genaue Bestimmung der Windungsfläche auf geometrischem Wege ist nur bei einlagigen Spulen sicher auszuführen. Man muß daher die Feldmeßspule anderweitig eichen und benutzt dazu Normalspulen, deren Felder bei gegebener Stromstärke hinreichend bekannt sind. Bei hohen Anforderungen an die Meßgenauigkeit werden einlagige Normalspulen verwandt, die auf einen formbeständigen, eisenfreien Hohlkörper aus Marmor oder Glas gewickelt sind. Die Oberfläche dieser Körper ist sauber rund gedreht und mit einer fortlaufenden Nut zur Aufnahme der Wicklung versehen. Bei großer Länge, kleinem Durchmesser und dichter Wicklung ($l \sim 80$ cm, $d \sim 4$ cm, $\frac{n}{l} \sim 10$ Windungen/cm) gewinnt man ein sehr gleichmäßiges Feld vom Betrage H:

$$H = \frac{ni}{l} \cdot \frac{1}{\sqrt{1 + \left(\frac{d}{l}\right)^2}} \quad \text{A/cm} \tag{27}$$

Zur Bestimmung der Windungsfläche der Feldmeßspule bei bekanntem Feld oder andererseits zur Bestimmung des unbekannten Feldes bei bekannter Windungsfläche bringt man die an das ballistische Galvanometer angeschlossene Spule in die Normalspule bzw. in das unbekannte Feld. Man läßt das Feld durch Abschalten verschwinden und beobachtet den Spannungsstoß am Galvanometer oder man zieht die Meßspule rasch aus dem Feld heraus. Die Windungsfläche muß bei diesen Operationen senkrecht zur Feldrichtung stehen. Anstatt die Spule zu entfernen, kann man sie auch um 180° drehen: die beobachtete Anzeige ist jetzt verdoppelt, weil einerseits nach dem Drehen der Spule um 90° der zuerst umschlungene magnetische Fluß die Windungsfläche der Spule nicht mehr schneidet und andererseits beim weiteren Drehen bis zu 180° mit entgegengesetztem Vorzeichen wieder in die Spule eintritt.

C. Das Meßgeneratorverfahren

Es liegt auf der Hand, daß bei periodischer Wiederholung einer solchen 180°-Drehung statt eines einmaligen Stromstoßes eine Wechselspannung induziert wird, die entweder bei hinreichender Größe durch ein Wechselstromvoltmeter oder durch ein Gleichstrominstrument mit vorgeschaltetem Gleichrichter oder Kollektor gemessen wird (Abb. 23). Der Betrag der induzierten Meßspannung

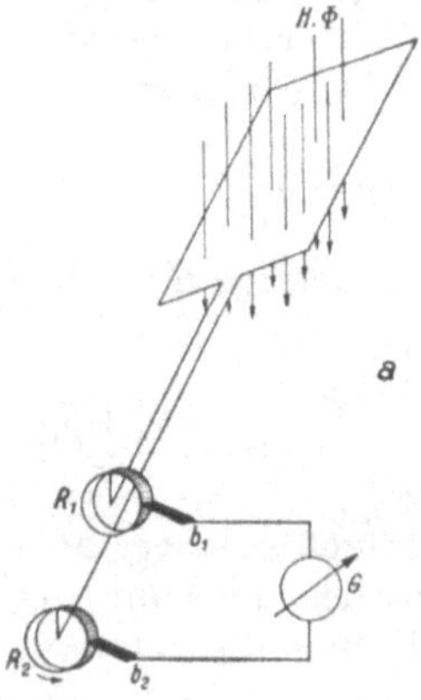

Abb. 23. Messung magnetischer Felder nach dem Meßgeneratorverfahren.

a) Wechselspannung,

b) Gleichspannung

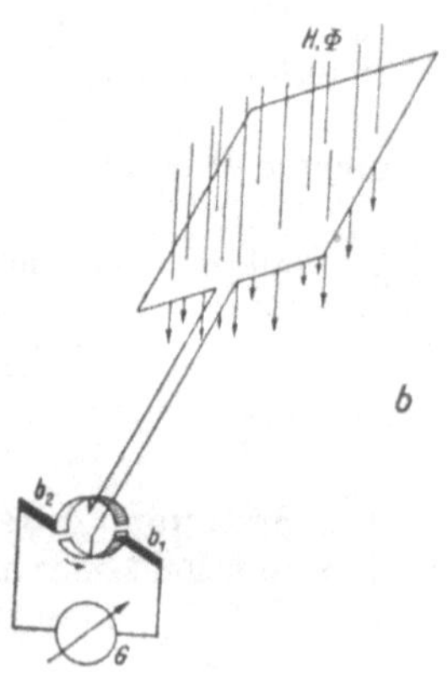

wird durch das Produkt aus Windungsfläche, Kraftliniendichte und Drehgeschwindigkeit bestimmt. Erfolgt die Drehung mit konstanter Geschwindigkeit, so wird der Momentanwert des von der Wicklung umfaßten Flusses $\Phi_t = \Phi_{max} \cdot \cos \varphi$. φ bedeutet hier den Augenblickswert des Winkels zwischen der Normalen zur Windungsfläche und der Richtung des Kraftflusses. Dieser Winkel ist eine periodische Funktion der Zeit und durchläuft bei einer Anzahl von beispielsweise 50 U/sec während einer Sekunde 50 mal die Werte zwischen 0 und 2π. Benutzt man ein Effektivwerte anzeigendes Meßgerät, so erhält man die Spannung

$$E_{eff.} = n \cdot q \cdot B \cdot \cdot 2\pi \cdot f \cdot \frac{1}{\sqrt{2}} \cdot 10^{-8}\,\mathrm{V}$$

wobei die Windungsfläche $n \cdot q$ in cm², die Induktion in Gauß und die Drehgeschwindigkeit in Vollumdrehungen/sec (f) gerechnet ist. Das zuletzt beschriebene Verfahren wird als Meßgeneratorverfahren bezeichnet. Statt eines Effektivwerte anzeigenden Gerätes wird häufig ein Gleichspannungsmesser benutzt, und die Wechselspannung durch einen an der Achse der rotierenden Spule angebrachten Kommutator gleich-gerichtet. In diesem Fall kommt der arithmetische Mittelwert der induzierten Wechselspannung zur Anzeige.

$$E = n \cdot q \cdot B \cdot 2\pi f \cdot 10^{-8} \cdot \frac{2}{\pi} = n \cdot q \cdot B \cdot 4 f \cdot 10^{-8}\,\mathrm{V} \tag{28}$$

Auf richtige Winkelstellung des Kollektors ist zu achten. Der Polwechsel muß in der Stellung erfolgen, in der die Windungsfläche der drehbaren Spule senkrecht zum Mittelfeld steht.

D. Der magnetische Spannungsmesser nach Rogowski und Steinhaus

Die magnetische Erregung wird durch die je Längeneinheit des Kraftlinienwegs aufgebrachte Zahl der Amperewindungen angegeben. Die Summe der Amperewindungen von einem Punkt a des Kraftlinienweges bis zu einem Punkt b heißt magnetische Spannung S zwischen a und b.

$$S = \int_a^b \frac{ni}{l}\, dl = \int_a^b H\, dl \tag{29}$$

Die magnetische Spannung wird im praktischen Maßsystem der Feldstärkendefinition entsprechend in Ampere gemessen. Im cgs-System wird sie in Oersted·cm gemessen. Diese Einheit der magnetischen Spannung führt den Namen Gilbert.

$$1\ \text{Oe} \cdot 1\ \text{cm} = 1\ \text{Gilbert} = \frac{1}{0{,}4\pi}\ \text{A}\,.$$

Der magnetische Spannungsmesser von Rogowski und Steinhaus dient zur Messung der magnetischen Spannung mit dem ballistischen Galvanometer. Der Spannungsmesser ist im Wesentlichen eine längliche, auf einen unmagnetischen Träger aufgewickelte Spule, deren Windungen auf der ganzen Länge in gleicher Dichte aufeinander folgen und überall den gleichen (meist rechteckigen) Querschnitt umschließen. Gewöhnlich besteht der Spannungsmesser aus 2 Lagen, derart daß die Wicklung bei der halben Länge beginnt und erst zu einem Ende, dann zurück zur Mitte, von dort zum anderen Ende und wieder zurück zur Mitte führt. Den Wicklungsträger stelle man sich zunächst als einen biegsamen Riemen vor. Die Windungsdichte sei N Windungen/cm; der von jeder einzelnen Windung umschlossene Querschnitt sei F cm². Die Gesamtlänge sei L. Bringt man den Spannungsmesser in gestreckter Lage mit der Längsrichtung parallel zum Feld in eine vom Strom i A durchflossene, lange, gleichmäßig gewickelte Magnetisierungsspule von der Länge l und der Windungszahl n und schaltet dann das Feld ab, so ergibt der im magnetischen Spannungsmesser induzierte Stoß einen Ausschlag β von folgendem Betrage:

$$\beta = \frac{ni}{l}\, \mu_0 \cdot q \cdot N \cdot L \cdot \frac{1}{K}\,, \tag{30}$$

wobei K die Galvanometerkonstante in Vs/Sktl bedeutet. Durch Umformen der Gleichung (30) folgt:

$$\frac{niL}{l} = \frac{K\beta}{\mu_0 \cdot q \cdot N}\ \text{A} \tag{31}$$

Diese Gleichung besagt: Der magnetische Spannungsmesser erfaßt von den $n \cdot i$ Amperewindungen der langen Spule den Bruchteil $\frac{L}{l}$, der dem Verhältnis seiner eigenen Länge L zu der (größeren) Länge l der Feldspule entspricht, und ist damit in A geeicht. Man kann nun den Spannungsmesser für folgende 3 Aufgaben benutzen:

1. zur Messung von Strömen bzw. Amperewindungszahlen,
2. zur Messung von magnetischen Spannungen,
3. zur Messung von Feldstärken.

Bei der ersten Aufgabe läßt man den Spannungsmesser gemäß Abb. 24 den Leiter bzw. die Spule, deren Strom oder Amperewindungszahl gemessen werden soll, in geschlossener Bahn um-

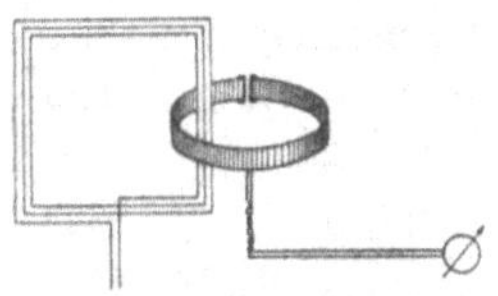

Abb. 24. Messung einer Amperewindungszahl mit dem magnetischen Spannungsmesser

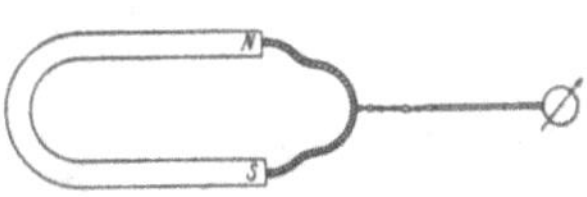

Abb. 25. Messung der magnetischen Spannung zwischen den Polen eines Dauermagneten

schließen beobachtet den Spannungsstoß, der beim Abschalten des Stroms entsteht, oder man öffnet den Spannungsmesser, zieht ihn zurück, so daß er den Strom nicht mehr umschließt, und fügt jetzt die Enden wieder zusammen. Die Amperewindungszahl ergibt sich aus Gleichung (32):

$$ni = \frac{K\beta}{\mu_0 q N}\,\text{A}\,. \tag{32}$$

(Auf die Gestalt der Kurve, mit der der Spannungsmesser den stromführenden Leiter umschließt, kommt es hierbei nicht an, sondern nur auf seinen Querschnitt und seine Windungsdichte).

Die zweite Aufgabe wird durch Abb. 25 am Beispiel eines Dauermagneten dargestellt. Die Enden des Spannungsmessers werden auf die Pole des Dauermagneten aufgesetzt; alsdann nimmt man den Dauermagneten fort und beobachtet das ballistische Galvanometer; man kann natürlich auch den Magneten liegen lassen und den Spannungsmesser fortführen oder in sich kurz schließen. Die magnetische Spannung zwischen den Polen ergibt sich ebenso wie oben die Amperewindungszahl aus Gl. (33):

$$S = \int H\,dl = \frac{K\beta}{\mu_0 q N}\,\mathrm{A}. \tag{33}$$

Die dritte Aufgabe, nämlich die Feldstärkenmessung wird durch Abb. 26 erläutert: Der magnetische Spannungsmesser wird auf die Oberfläche des Meßinstrumentenmagneten zwischen den Punkten a und b aufgesetzt, so daß er die Strecke s überspannt und dann abgehoben. Der Stoß am ballistischen Galvanometer gibt die magnetische Spannung zwischen den Punkten a und b an. Wir finden:

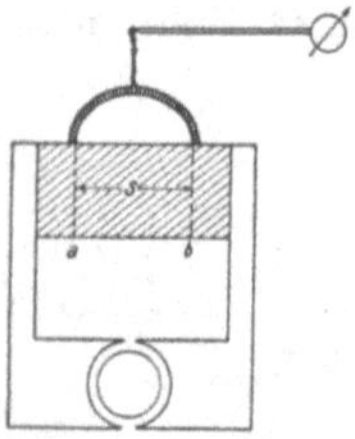

Abb. 26. Messung der Feldstärke an der Oberfläche des Magneten mit dem Spannungsmesser

$$S = \int_b^a H\,dl = \frac{K\beta}{\mu_0 q N}$$

Die magnetische Spannung zwischen a und b ist vom Wege, den der Spannungsmesser zwischen a und b beschreibt, unabhängig. Um dies zu verdeutlichen, denke man sich den Spannungsmesser in eine große Zahl z von Teilspulen zerlegt, die alle die gleiche Windungsdichte N und die Länge Δl aufweisen. Der gesamte Spannungsstoß, der zwischen den Punkten a und b im Spannungsmesser beim Abheben induziert wird, setzt sich dann aus z einzelnen Spannungsstößen zusammen.

$$K\beta = \mu_0 \cdot q \cdot N \cdot (H_1 \Delta l + H_2 \Delta l + H_3 \Delta l + \ldots + H_z \Delta l).$$

Offenbar tragen die weit außen liegenden Teilspulen zum Gesamtspannungsstoß fast nichts bei; ein kurzer Spannungsmesser von gleichem Querschnitt und gleiche Windungsdichte, der sich geradlinig zwischen Punkt a und b erstreckt, liefert den gleichen Spannungsstoß wie der in Abb. 26 gezeigte gekrümmte Spannungsmesser. Sofern man annehmen darf, daß zwischen den beiden an der Oberfläche liegenden Punkten a und b die Feldstärke an der Oberfläche überall gleich ist, ergibt sich die Feldstärke als Quotient der magnetischen Spannung und der Strecke s, welche die geradlinige Entfernung zwischen Punkt a und b angibt.

$$H = \frac{\int H\,dl}{s} = \frac{K\beta}{\mu_0 q N s}\ \text{A/cm}\,. \tag{34}$$

Für den Zweck der Feldstärkenmessung wird der magnetische Spannungsmesser häufig in starrer Form gebaut; der Abstand der Enden des Spannungsmessers wird also auf einen unveränderlichen Betrag festgelegt. Die Eichung kann ebenso wie bei der biegsamen Form in einem bekannten homogenen Feld erfolgen. (H. Neumann, A.T.M. J. 64–1 [1934]).

E. Elektrodynamische Feldstärkenmessung

Ein homogenes magnetisches Feld übt auf einen vom elektrischen Strom durchflossenen Leiter eine Kraft aus. Diese Kraft ist senkrecht zum Felde und senkrecht zum Strom gerichtet und dem Vektorprodukt aus beiden proportional. In Abb. 27 ist die Feld-

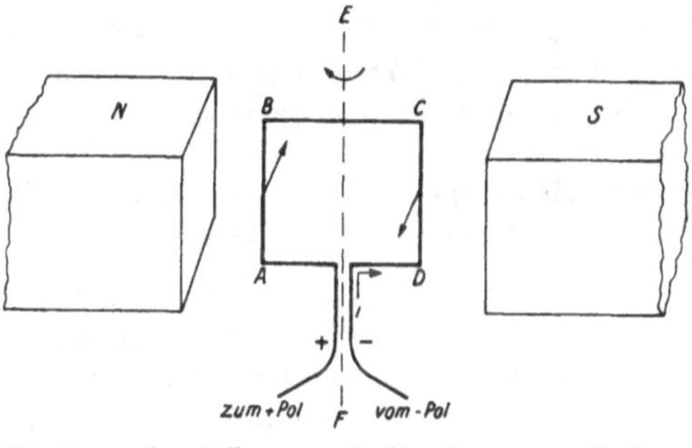

Abb. 27. Stromdurchflossener Leiter im magnetischen Feld

richtung in der Zeichenebene gedacht. Der Strom durchläuft das geschlossene Rechteck des Leiters $ABCD$. Die vom Felde ausgeübte Kraft längs des Leiterstücks AB ist senkrecht zur Zeichenebene nach hinten gerichtet; die am Leiterstück *CD* angreifende Kraft ist senkrecht nach vorne gerichtet. Der Leiter sei um die gestrichelt gezeichnete Achse *EF* drehbar. In Bezug auf die Achse *EF* ergibt sich ein Drehmoment D im Betrage von $D = B \cdot i \cdot 2AB \cdot BC/2 = B \cdot i \cdot F$ VAs. B gibt die Kraftliniendichte in Vs/cm², i den Strom, F die Fläche und n die Anzahl der Windungen an. Bei Benutzung der Einheit Gauß = 1 Vs/cm²·10^{-8} für die Kraftliniendichte und Umrechnung auf die physikalische Krafteinheit dyn $\left(1\,\text{dyn} = \frac{1{,}00043 \cdot 10^{-7}\,\text{Joule}}{1\,\text{cm}}\right)$ erhalten wir $D = B \cdot i \cdot n \cdot F \cdot 1{,}00043$ dyn·cm (B in Gauß, i in A, F in cm²). Diesem elektrodynamischen Drehmoment D wirkt ein Gegendrehmoment G, das von einer Spiralfeder geliefert wird, entgegen und hält ihm beim Ablenkungswinkel α das Gleichgewicht. Die Kraftliniendichte B ergibt sich unter Berücksichtigung des Winkels α, den die Windungsfläche mit der Feldrichtung bildet, aus

$$B = \frac{G}{niF \cos \alpha} \tag{36}$$

Das Verfahren ist sozusagen die Umkehrung des vom Drehspulgalvanometer her bekannten Verfahrens, bei dem die Stromstärke mittels der Drehung einer Spule im konstanten Felde eines Dauermagneten gemessen wird. Wir kommen bei den Verfahren zur Induktionsmessung noch hierauf zurück.

F. Messung von Gleichfeldern durch Bestimmung der reversiblen Permeabilität; *F*-Sonde

In Abschnitt IIIC ist der Begriff der reversiblen Permeabilität kurz erläutert worden. In Bild 13b wurde gezeigt, daß die reversible Permeabilität mit zunehmender Feldstärke stets abnimmt. Auf diese Erscheinung gründet sich ein Verfahren zur Bestimmung von Feldstärken, das an dieser Stelle besprochen werden soll, obwohl es der Methode nach eher zu den Wechselfeldmessungen zu rechnen ist.

Man bringt ein kurzes Stäbchen aus weichem Eisen oder einer hochpermeablen Eisennickellegierung in eine kleine Spule, in der ein Wechselstrom ein Wechselfeld von geringer Amplitude, nämlich etwa $^1/_{10}$ bis $^1/_5$ der Koerzitivkraft erzeugt. Wenn außer dem in der Spule erzeugten Wechselfeld kein anderes Magnetfeld auf das Eisen einwirkt, beobachtet man eine Permeabilität, die der Anfangspermeabilität gleich ist, denn die reversible Permeabilität beim Felde Null und die Anfangspermeabilität stimmen, wie früher besprochen, überein. Wird dagegen das Wechselfeld noch von einem Gleichfeld überlagert, so findet sich bei der Messung der durch das Wechselfeld bedingten periodischen Magnetisierung eine verminderte Permeabilität, wie es die oben ausgesprochene Regel über das Sinken der reserviblen Permeabilität mit zunehmender Feldstärke verlangt. Bei Kenntnis des zahlenmäßigen Zusammenhanges zwischen der reversiblen Permeabilität und der Stärke des vormagnetisierenden Gleichfeldes kann man durch Messung von u_{re} die Stärke des Gleichfeldes bestimmen.

Von F. Förster werden seit einigen Jahren sog. *F*-Sonden zur Messung von Feldstärken und Feldstärkendifferenzen hergestellt. Die Sonden enthalten einen Kern aus einer hochpermeablen Eisen-Nickel-Legierung, eine von hochfrequentem Wechselstrom durchflossene Primärspule und eine Sekundärspule. Über Einzelheiten ihres Aufbaus ist bisher wenig bekannt. Nach M. Wurm (Zs. angew. Phys. 2 (1950) S. 212ff.) benutzt Förster die geradzahligen Oberwellen der Sekundärspannung, die bei der durch das überlagerte Gleichfeld unsymmetrisch gewordenen Wechselmagnetisierung auftreten. Diese geradzahligen Oberwellen können durch einen selektiven Verstärker abgetrennt und verstärkt werden; man kann aber auch durch Gegeneinanderschalten zweier Sonden die Grundwelle und die ungeradzahligen Oberwellen weitgehend unterdrücken und die geradzahligen Oberwellen addieren. Die Frequenz, mit der die *F*-Sonde betrieben wird, liegt in der Größenordnung von 100 kHz.

Nach Versuchen des Verfassers kann man einen Feldstärkenfühler in primitiver Form auch mit einer Frequenz von 50 Hz entsprechend dem in Abb. 28 wiedergegebenen Schaltbild bauen. Der Fühler enthält außer der das Wechselfeld erzeugenden Primärwicklung noch eine Sekundärwicklung von hoher Windungszahl;

die hierin induzierte Wechselspannung wird mittels eines Trockengleichrichters in pulsierende Gleichspannung umgewandelt und einem hochempfindlichen Spannungsmesser, z. B. einem Multiflex-

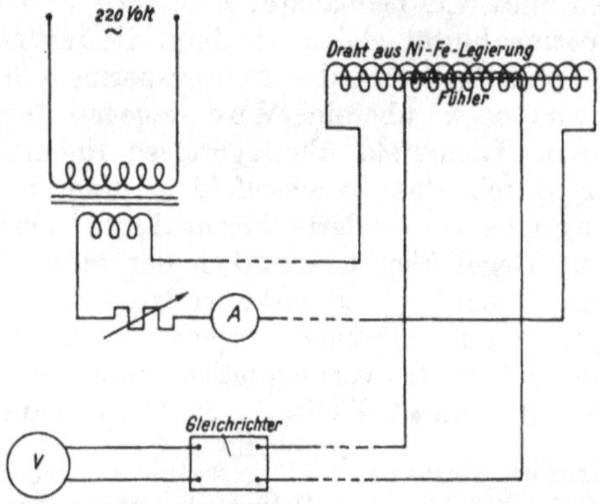

Abb. 28. Transformatorschaltung des Feldstärkenfühlers

galvanometer zugeführt. Abb. 29 zeigt die Eichkurve eines solchen Fühlers bei einer konstanten Erregung von 200 mA/cm. Diese Bauart hat gegenüber der Anordnung von Förster den Vorteil, daß der Aufwand für die Erzeugung des hochfrequenten Wechselstromes und für den Verstärker im Mittelzweig der Brücke vermieden wird. Demgegenüber bietet die Förster'sche Anordnung den bedeutsamen Vorteil eines sehr geringen Raumbedarfs; die neuen Sonden von Förster sind nur noch einige Millimeter lang. Dadurch bieten sich interessante Meßmöglichkeiten, wie die Bestimmung eines sehr kleinen Feldstärkengefälles auf kurzer Strecke. Die Förster-Sonden sind bisher vor-

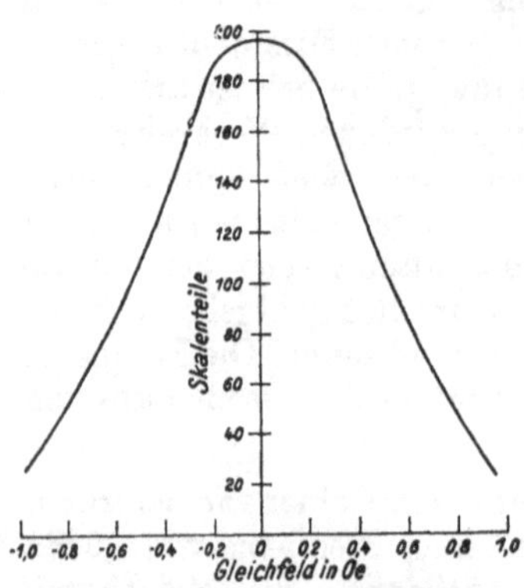

Abb. 29. Eichkurve des Fühlers bei gleichbleibender Erregung der Primärwicklung

wiegend auf dem Gebiet der zerstörungsfreien Werkstoffprüfung angewandt worden. Mit ihrer Einführung in weitere Gebiete der magnetischen Meßtechnik ist zu rechnen.

G. Sonstige Verfahren zur Feldstärkenmessung

Von den zahlreichen anderen Verfahren zur Messung magnetischer Felder seien nur einige kurz angedeutet. Die Schwingungsdauer eines Magneten, der im Felde H um eine eine zum Feld senkrechte Achse Drehschwingungen ausführt, ist der Quadratwurzel aus der Feldstärke umgekehrt proportional. Der elektrische Widerstand von Wismut nimmt mit wachsender Feldstärke zu; bis zu 20000 Oe ist er ungefähr verdoppelt. Kathodenstrahlen werden von Magnetfeldern abgelenkt. Bei einigen Metallen, z. B. Germanium, kann der Halleffekt zur Messung des Magnetfeldes dienen. Ein Blechstreifen, dessen Ebene senkrecht zum Magnetfeld gerichtet ist, wird von einem Gleichstrom in Längsrichtung durchflossen; in der Querrichtung tritt eine zur Feldstärke proportionale Spannung auf. A. v. Engel, A. T. M. V 321-6, Dez. 1950.

VI. Gleichfeldverfahren zur Messung von Magnetisierung und Induktion

A. Probenvorbereitung durch Entmagnetisierung

Für viele magnetische Messungen im Gebiet kleiner Feldstärken muß der Werkstoff zuvor sorgfältig entmagnetisiert werden. Der unmagnetische Zustand kann durch Erwärmen über den Curiepunkt und Abkühlen im feldfreien Raum erreicht werden. Hierbei besteht jedoch die Gefahr einer Änderung des Gefügezustandes oder des mechanischen Spannungszustandes; dieser Weg ist also für gewöhnlich nicht gangbar. Man muß dann den Prüfling magnetisieren, das Feld abschalten, es mit umgekehrtem Vorzeichen und verminderter Stärke wieder einschalten, abschalten, wieder die Feldstärke vermindern und das Vorzeichen wechseln u.s.f. Die Anfangsfeldstärke, mit der man das Abmagnetisieren beginnt, soll nicht kleiner sein als die höchste Feldstärke, die etwa vorher auf den Werkstoff gewirkt hat. Im Zweifelsfalle wird man also das Abmagnetisieren mit hohen Feldstärken beginnen; diese sind um so höher zu bemessen, je höher die Koerzitivkraft des Werkstoffes liegt. Die einzelnen Schritte bei der stufenweisen Feldstärkenverminderung sollten nicht zu groß sein, man tut hierbei lieber einige Schritte mehr als zu wenig. Als ideal ist die stufenlose Schwächung des Feldes anzusehen. Die Schwächung soll soweit getrieben werden, daß die niedrigste Feldstärke, bei der das Abmagnetisieren endet, im Werkstoff keine nennenswerte Magnetisierung mehr zurückläßt; das kleinste Feld sollte also höchstens $^1/_{10}$ der Koerzitivkraft betragen. Ein Feld von der Größe des Erdfeldes kann bei magnetisch sehr weichen Stoffen als Endstufe noch zu hoch sein, so daß man noch weiter schwächen muß. Man führt dann das Abmagnetisieren in Ost-West-Richtung und zwar an dem gleichen Orte aus, an dem man nachher messen will. Für Objekte mit mäßiger Koerzitivkraft und kleinem Entmagnetisierungsfaktor kann man sich das Entmagnetisieren sehr vereinfachen, indem man zur Felderzeugung niederfrequenten Wechselstrom verwendet, den man auf geeignete Weise schwächt. Nach Gumlich und Rogowski wird eine stufenlose Schwächung mittels eines besonderen Transformators erreicht, dessen Sekundärwicklung und Eisenkern man mittels eines Seilzugs ganz allmählich von der Primärspule trennen kann (Abb. 30). Hat man die Primärspule von der Sekundärspule getrennt, so wird schließlich noch die

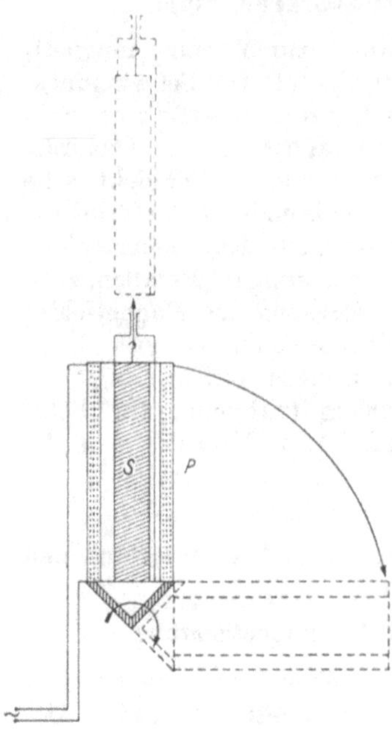

Abb. 30. Transformator für Entmagnetisierungszwecke nach Gumlich u. Rogowski

Primärspule um 90° gekippt. Die technisch häufig verwandte Methode des Durchlaufs durch eine Spule mit gleichbleibender Wechselfeldstärke bewirkt die Schwächung des Feldes durch langsam größer werdende Abstände; wegen der ungleichmäßigen Feldstärke ist dies Verfahren für Meßzwecke nicht zu empfehlen.

B. Magnetometer

Das Magnetometer mißt das magnetische Moment M_1 eines unbeweglichen ferromagnetischen Körpers durch das auf einen anderen drehbar beweglichen Körper vom magnetischen Moment M_2 ausgeübte Drehmoment. Nach Teilung durch das Volumen ergibt sich aus dem magnetischen Moment die Magnetisierung. Der bewegliche Körper ist meist ein um eine vertikale Achse drehbarer Dauermagnet (Magnetnadel), dessen magnetisches Moment in der Horizontalebene liegt, oder auch gelegentlich eine von einem Strom durchflossene Spule. Der Körper vom magnetischen Moment M_1 möge den Polabstand L haben, die Magnetnadel einen Polabstand l. Der Abstand von Mitte zu

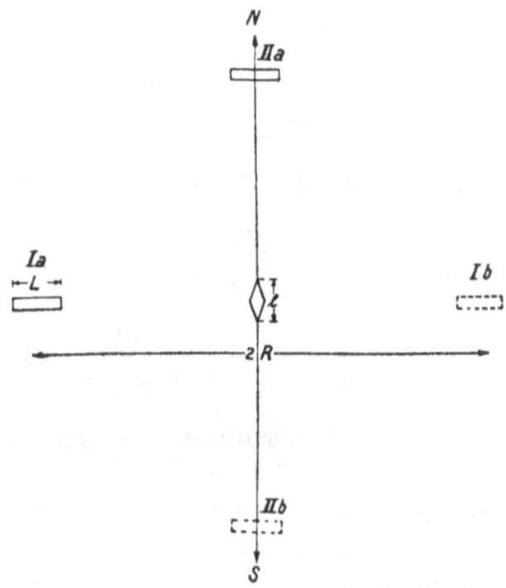

Abb. 31. Die Gaußschen Hauptlagen

Mitte betrage R. Bei den beiden in Abb. 31 mit 1a und 1b bezeichneten Lagen verläuft die Verbindungslinie R in der magnetischen Ost-West-Richtung (1. Gauß'sche Hauptlage); bei den Stellungen 2a und 2b in der Nord-Süd-Richtung (2. Gauß'sche Hauptlage). Das magnetische Moment vom Betrage M_1 Voltsec·cm ist in beiden Lagen von Ost nach West oder West nach Ost gerichtet. Dieses Moment erzeugt in der ersten Hauptlage im Abstand

R ein Feld mit der Kraftliniendichte $B = \frac{M_1}{2\pi R^3}$ und lenkt dadurch die bewegliche Magnetnadel um einen Winkel φ ab, der dem Quotienten aus der vom Prüfling herrührenden Kraftliniendichte und der des Erdfeldes H gleich ist.

$$\operatorname{tg} \varphi = \frac{M_1}{2\pi R^3 \cdot H \cdot \mu_o} \tag{37}$$

Die Gleichung gilt, wenn $R \ll L$. Für kleinere Abstände $\left(\frac{R}{L} < 10\right)$ sind die Polabstände (ca. $^5/_6$ der Längen) zu berücksichtigen. Eine genauere Formel lautet:

$$\frac{M}{H \cdot \mu_o} = \frac{2\pi R^3 \cdot \operatorname{tg} \varphi}{1 + \eta/R^2} \text{ mit } \eta = \frac{1}{2} L^2 - \frac{3}{4} l^2 \tag{38}$$

Für die zweite Hauptlage gelten die Formel

$$\frac{M}{H \cdot \mu_o} = R^3 \cdot \operatorname{tg} \varphi \text{ oder genauer} \tag{39}$$

$$\frac{M}{H \cdot \mu_o} = \frac{\pi R^3 \cdot \operatorname{tg} \varphi}{1 + \eta/R^2} \text{ mit } \eta = -\frac{3}{8} L^2 + \frac{3}{2} l^2 \tag{40}$$

Die Horizontalkomponente des Erdfeldes im mittleren Europa entspricht etwa $0{,}2 \cdot 10^{-8}$ Voltsec/cm²; für Messungen, die auf Genauigkeit Anspruch machen, ist eine gesonderte Bestimmung von H am Meßorte erforderlich. Nach der Gauß'schen Schwingungsmethode mißt man das Produkt $M_1 \cdot H$ durch die Schwingungsdauer des an einem Faden im Schwerpunkt aufgehängten und durch eine anfängliche Auslenkung in Schwingungen um die Nord-Süd-Richtung versetzten Prüflings. Für die Berechnung ist außer der magnetischen Direktionskraft noch die elastische von der Verdrillung des Fadens herrührende Richtkraft d zu beachten; das Verhältnis d/D bezeichnet man als Torsionsverhältnis Θ. Unter Berücksichtigung des Trägheitsmomentes K des Prüflings und des Torsionsverhältnisses Θ errechnet man aus der Schwingungsdauer t einer Halbperiode:

$$M_1 \cdot H = \frac{\pi^2 \cdot K}{t^2 \cdot (1+\Theta)} \quad \frac{\text{cm}^2 \cdot \text{g}}{\text{sec}^2}$$ in cgs Einheiten oder im praktischen elektrotechnischen System

$$M_1 \cdot H = \frac{\pi^2 \cdot K}{t^2 \cdot (1+\Theta)} \cdot \frac{10^{-7}}{1 \cdot 00043} \text{ VAs}. \qquad (41)$$

Bei der soeben geschilderten Bestimmung von M_1 und H durch Messung der Magnometerauslenkung und der Schwingungsdauer ergeben sich beide Größen in den mechanischen Einheiten des cgs-Systems. Der bequemeren Ausführung wegen benutzt man jedoch zur Bestimmung von H meist elektrische Methoden; z. B. die Tangentenbussole oder einen Meßgenerator. Näheres siehe Kap. Feldstärkenmessung.

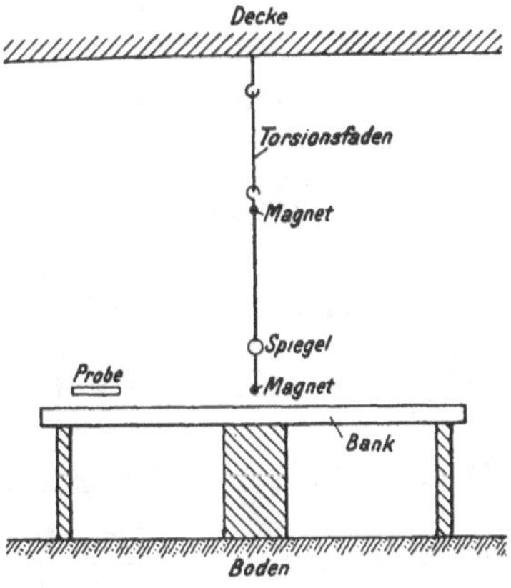

Abb. 32. Astatisches Torsionsmagnetometer

Das einfache Magnometer ist gegen Störungen des Erdfeldes sehr empfindlich und ist hier nur wegen seiner grundsätzlichen Bedeutung besprochen worden. Um die zeitlichen Veränderungen des Erdfeldes unschädlich zu machen, verlängert man die vertikale Drehachse der Magnetnadel und befestigt am Ende der starren Verlängerung eine zweite Nadel von gleichem magnetischen Moment, aber mit vertauschten Polen parallel zur ersten Nadel (Abb. 32). Man erhält dann ein sogenanntes astatisches System, welches gegen kleine Änderungen des Erdfeldes unempfindlich ist, solange diese an beiden Nadeln gleich groß sind. Die elastische Richtkraft der Nadelaufhängung, die bei dem einfachen Magnetometer stillschweigend als klein gegenüber der vom Erdfeld ausgeübten Richtkraft angenommen war, ist bei dem astatischen Magnetometer allein wirksam. Für einen zylindrischen Stab oder Draht vom Radius r und der

Länge l beträgt das zur Auslenkung um den Winkel α erforderliche mechanische Drehmoment D

$$D\text{mech} = \Phi \frac{\alpha}{l} \cdot \frac{\pi}{2} \cdot r^4, \tag{42}$$

worin Φ den Torsionsmodul des Werkstoffs angibt.

$$D\text{mech} = \Phi \cdot \frac{\alpha}{l} \cdot \frac{\pi}{2} \cdot r^4$$

$$\text{dyn} \cdot \text{cm} = \frac{\text{dyn}}{\text{cm}^2} \cdot \text{cm}^{-1} \quad \text{cm}^4$$

oder

$$D\text{mech} = \frac{10^{-7}}{1{,}00043} \cdot F \cdot 981000 \cdot \frac{\alpha}{l} \cdot \frac{\pi}{2} \cdot r^4$$

$$\text{VAsec} = \frac{\text{kp}}{\text{cm}^2} \quad \text{cm}^{-1} \quad \text{cm}^4$$

Der Torsionsmodul wird meist in technischen Maßeinheiten $\left(\frac{\text{kp}}{\text{cm}^2}\right)$ angegeben und mit F bezeichnet. $F = \frac{\Phi}{981000}$; der im Winkelgrad ($R = 90°$) gemessene Winkel β ist in Bogenmaß umzurechnen: $\alpha = \left(\frac{\beta°}{57{,}30}\right)$ Das vom Prüfling mit dem magnetischen Moment M_1 ausgeübte Drehmoment ist angenähert

$$D\text{mag} = M_1 \cdot \frac{1}{2\pi R^3} \cdot M_2 \cdot \frac{1}{\mu_o} \cdot \cos\alpha \tag{43}$$

$$\text{VAs} = \text{Vs cm} \cdot \text{cm}^{-3} \text{ Vs cm} \frac{\text{A} \cdot \text{cm}}{\text{Vs}}$$

Die bei der Auslenkung des Magnetometers entstehende Torsions spannung hält der magnetischen Kraft das Gleichgewicht. Infolgedessen ergibt sich M_1 durch Gleichsetzen des mechanischen und des magnetischen Drehmoments.

$$M_1 = \frac{\Phi \cdot \frac{\alpha}{l} \cdot \frac{\pi}{2} \cdot r^4 \cdot 2\pi R^3 \mu_0}{M_2 \cdot \cos\alpha}$$

$$= \frac{\Phi \cdot \pi^2 \cdot r^4 R^3 \mu_0}{l \cdot M_2} \cdot \frac{\alpha}{\cos\alpha} = \frac{\Phi \cdot \pi^2 r^4 R^3 \mu_0}{l \cdot M_2} \cdot \alpha \cdot \left(1 + \frac{\alpha^2}{2}\right) \quad (44)$$

Die Gleichungen 42 bis 44 sind hier nur angegeben,, um die Größenordnungen des mechanischen und des magnetischen Drehmoments zu erläutern. Für die praktische Eichung des Magnetometers benutzt man eine Spule von bekannten und berechenbaren magnetischen Moment und erhält damit eine Eichkonstante, die sowohl das magnetische Moment M_2 der Nadel als auch die mechanischen Bestimmungsstücke (Φ, r, l) in sich enthält. Das magnetische Moment einer ebenen Spule ist gleich dem Produkt aus Stromstärke (A), Windungsfläche (cm^2) und Induktionskonstante ($VsA^{-1}\,cm^{-1}$).

In der Formel (44), die nur zur Kennzeichnung der Größenordnung dient, sind keine Korrekturen für die Polabstände enthalten; außerdem ist die zweite, zur Astasierung dienende Magnetnadel nicht berücksichtigt. Für hohe Empfindlichkeiten braucht man einen dünnen Torsionsdraht; das bewegliche System muß daher leicht sein und der Abstand der beiden Nadeln kann nicht beliebig groß gemacht werden. Andererseits darf man das Verhältnis des Abstandes zwischen Prüfling und erster Nadel a zum Abstand h der Nadeln voneinander auch nicht beliebig groß machen, da dann beide Nadeln nahezu gleiche aber entgegengesetzte Drehmomente erfahren würden. Nach Kohlrausch und Holborn fährt man am besten mit einem Abstandsverhältnis $\frac{a}{h} = \frac{1}{\sqrt{2}}$. Die Gleichung für das magnetische Moment lautet dann:

$$M_1 = \frac{C \cdot a^3 \cdot \alpha}{2 \cdot \left[1 + \frac{1/2\,L^2 - 3/4\,l^2}{a^2} + \psi\left(\frac{a}{h}\right)\right]} \cdot \left(1 + \frac{\alpha^2}{2}\right) \quad (45)$$

Hierin bedeutet C die mechanische Direktionskraft, α den Ablenkungswinkel und $\psi\left(\frac{a}{h}\right)$ eine Korrekturfunktion mit der Bedeutung:

$$\psi\left(\frac{a}{h}\right)=\frac{\frac{1}{2}\cdot\left(\frac{a}{h}\right)^3-\left(\frac{a}{h}\right)^5}{\left[1+\left(\frac{a}{h}\right)^2\right]^{5/2}};$$

ihr Betrag ist verhältnismäßig klein, vgl. nachstehende Tabelle

$\frac{a}{h}$	0,2	0,3	0,4	0,5	0,06	0,7	0,8	0,9
ψ	+0,0033	+0,0089	+0,0150	+0,0179	+0,0140	+0,0013	−0,0208	−0,0513

Statt des Winkels α wird bei Spiegelablesung mit Fernrohr und Skala das Verhältnis $\frac{s}{A}$ benutzt (s = Skalenausschlag, A = Skalenabstand).

$$\alpha=\frac{1}{2}\operatorname{arc\,tg}\frac{s}{A}=\frac{s}{2A}\left[1-\frac{4}{3}\cdot\left(\frac{s}{2A}\right)^2\right]$$

Durch entsprechende Umformung von Gl. (45) ergibt sich dann:

$$M_1=\frac{C\,a^3}{2\left[1+\frac{1/2\,L^2-3/4\,l^2}{a^2}+\psi\left(\frac{a}{h}\right)\right]}\cdot\frac{s}{2A}\left[1-\frac{5}{6}\left(\frac{s}{2A}\right)^2\right] \tag{46}$$

Zweckmäßig legt man bei festem Skalenabstand hierfür eine Tabelle der Funktion $Z(s)=\frac{s}{2A}\cdot\left(1-\frac{5}{24}\cdot\frac{s^2}{A^2}\right)$ an.

Bei dem Polabstand l der ersten Nadel kann man $^5/_6$ der Länge einsetzen. Für Rotationsellipsoide ist der Polabstand mit 0,775 mal große Achse einzusetzen. Bei Zylindern liegt der Faktor zwischen 0,83 und 1. Wegen dieser Unsicherheit wähle man a nicht zu klein.

Das Magnetometer soll indessen nicht nur die bleibende Magnetisierung beim äußeren Felde Null oder das magnetische Moment von Dauermagneten messen, sondern man will damit auch

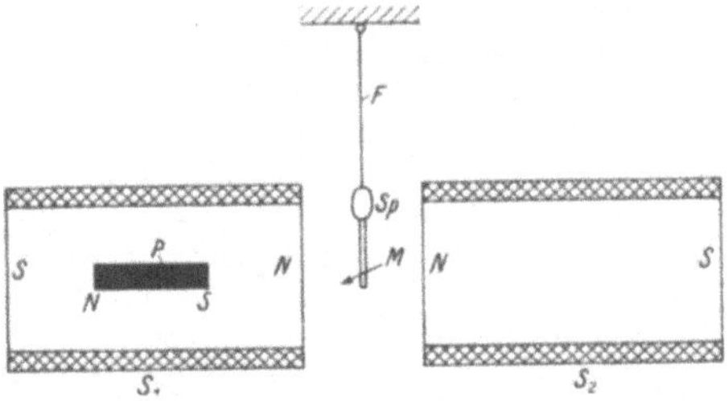

Abb. 33. Magnetometer mit Kompensationsspule

Magnetisierungskurven bestimmen, und dafür braucht man noch ein zusätzliches äußeres Feld. Die hierfür benötigte Feldspule darf aber das Magnetometer nicht beeinflussen. Man erreicht dies auf zwei Wegen, entweder nach Abb. 33 mit einer zweiten, der

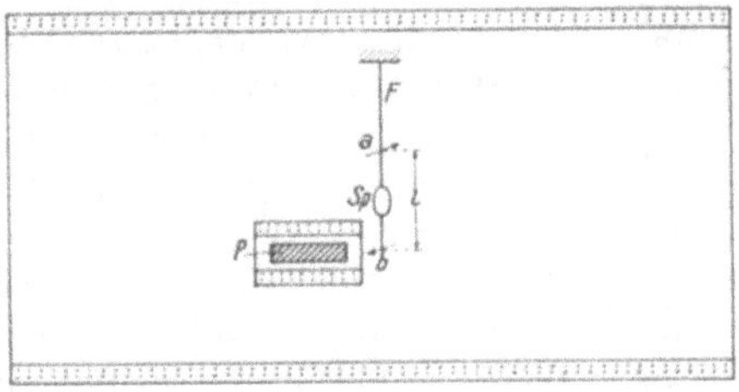

Abb. 34. Magnetometer mit astatischem System im homogenen Spulenfeld

ersten genau gleichen Feldspule, deren Achse mit der über die Nadel hinaus verlängerten Achse der ersten Spule zusammenfällt, oder nach Abb. 34 mit einer Spule, die das ganze Magnetometer umschließt (H. Neumann); oder schließlich mit einem astatischen

System, dessen Richtmagnete symmetrisch zu den Polen des Prüflings liegen nach H. Lange (Abb. 35). Die erste Form nach Kohlrausch besitzt bzgl. der Probengröße die allgemeinste Verwendbarkeit; die zweite (H. Neumann) ist auf kleine Proben be-

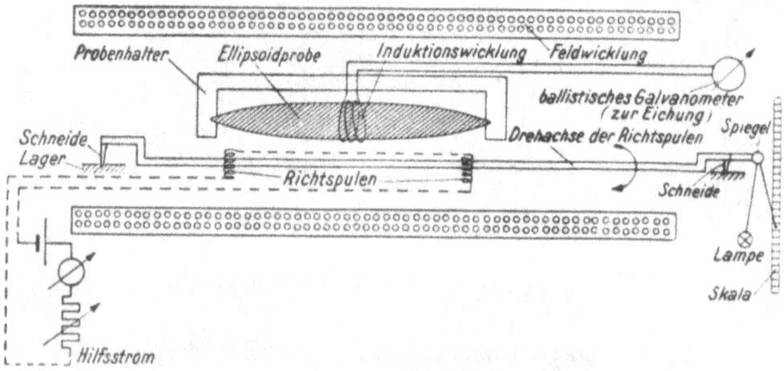

Abb. 35. Magnetometer nach H. Lange

schränkt und speziell für Koerzitivkraftmessungen entwickelt. Die Lange'sche Form ist wohl am unempfindlichsten gegen Feldstörungen, benötigt aber Proben in Form eines Ellipsoides. Der Gleichheit der beiden Spulen bei der Anordnung von Kohlrausch ist höchste Sorgfalt zu widmen; darüber hinaus müssen ihre Abstände vom beweglichen System genauestens eingehalten werden.

Bei wechselnder Probengröße wird man auch die Abstände vom beweglichen System verändern und benutzt hierzu eine Schienenführung ähnlich einer optischen Bank. Völlige Eisenfreiheit der zum Magnetometerbau benutzten Werkstoffe ist unerläßlich. Weiterhin empfiehlt sich eine Dämpfung des beweglichen Systems durch Einschließen einer Nadel in eine Kupferbüchse; gegen Störung durch Luftzug wird der Aufhängefaden durch ein Rohr geschützt. Trotz der Astasierung wird eine Einstellung des Systems in die Nord-Süd-Richtung empfohlen; als Hilfsmittel wird ein Torsionskopf mit Winkelteilung benutzt. Zur Änderung der Empfindlichkeit kann man Torsionsfäden verschiedener Stärke benutzen. Der Werkstoff soll frei von mechanischer Nachwirkung sein. Der Bau eines Magnetometers ist bei hohen Ansprüchen nicht gerade leicht und die Anwendung nicht die bequemste. Trotzdem ist es bisher noch unentbehrlich für die Verfolgung von Änderungen im magnetischen Zustand eines Werkstoffes, die sich nur langsam vollziehen und deren Messung eine Feldänderung durch den Meßvorgang verbietet (Magnetische Nachwirkung). Eine andere wichtige Anwendung ist die Messung der Magnetisierung bei hohen oder tiefen Temperaturen, die bei dem induktiven Verfahren wegen der benötigten eng anliegenden Induktionswicklung erschwert ist. Für kinetische Versuche, bei denen die Geschwindigkeit der Änderung von Gefügezuständen auf magnetischem Wege gemessen werden soll, ist das Magnetometer mit Erfolg benutzt worden; diese Aufgabe kann jedoch bequemer und ebenso sicher mit einer magnetischen Waage gelöst werden.

C. Magnetische Waagen

Die magnetische Waage dient ebenso wie das Magnetometer zur Messung magnetischer Momente mittels mechanischer Kräfte. Beim Magnetometer liegt der Prüfling fest und übt durch seine Magnetisierung ein Drehmoment auf einen leicht beweglichen Magneten aus; das Feld, in dem sich der Prüfling befindet, soll homogen sein. Anders bei der magnetischen Waage. Das auf den Prüfling wirkende Feld wird absichtlich inhomogen gemacht. Es übt dann auf den beweglich angeordneten Prüfling eine Kraft P aus, die dem Produkt aus den magnetischem Moment M und dem Feldstärkengefälle proportional ist.

$$P = M \cdot \frac{dH}{dx} \tag{47}$$

Magnetisches Moment M = Volumen $\times$ Magnetisierung J

Der Prüfling wird leicht beweglich gelagert, so daß kleine Kräfte bereits große Auslenkungen des Prüflings ergeben. Das Meßprinzip ist in Abb. 36 angedeutet. E sei ein Elektromagnet mit einem keilförmigen Luftspalt, in dem die Feldstärke von rechts nach links zunimmt. M sei der Prüfling, dessen magnetisches Moment oder Magnetisierung bestimmt werden soll. Der Prüfling wird von einem leichten Träger T und zwei Fadenpaaren getragen, die dem Prüfling eine Bewegung in der Richtung des Feldgradienten ermöglichen. Die angreifende Kraft wird durch die Auslenkung des Systems, wobei gewöhnlich die Schwerkraft die Gegenkraft liefert, oder durch Kompensation der Auslenkung mit einer anderen mechanischen Kraft gemessen. Offenbar eignet sich dies Meßprinzip nicht für Messungen bei kleinsten Feldern, denn es soll ja immer ein Feldstärkengefälle vorhanden sein. Seine Anwendung liegt vielmehr bei mittleren und hohen Feldstärken, denen gegenüber der Feldstärkenunterschied zwischen den beiden Enden der Probe vernachlässigt werden kann; insbesondere dient das Verfahren zur Messung der Sättigungsmagnetisierung sowohl bei 20° C als auch bei hohen und bei tiefen Temperaturen.

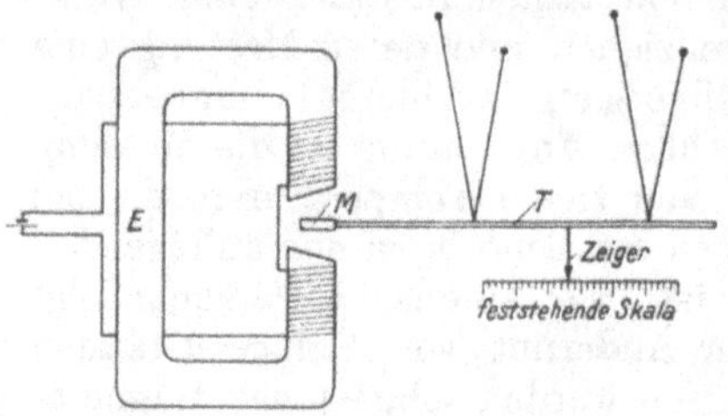

Abb. 36. Wirkungsweise der magnetischen Waage

Die Magnetisierung ergibt sich aus

$$J = P \cdot \frac{1}{\text{Vol}} \cdot \frac{1}{\frac{dH}{dx}}$$

$$\frac{\text{Vs}}{\text{cm}^2} \quad \frac{\text{VAs}}{\text{cm}} \quad \frac{1}{\text{cm}^3} \quad \frac{\text{cm}^2}{\text{A}}$$

Praktisch wird man P in pond (Gramm-Gewicht) messen und daher einen Umrechnungsfaktor einsetzen müssen;

$$1 \frac{\text{VAs}}{\text{cm}} = \frac{10^7}{981} \text{pond}$$

Die Kraftmessung kann auf mannigfache Weise ausgeführt werden; einige Andeutungen mögen genügen.

a) Feldstärkengefälle in horizontaler Richtung; Vergleich mit der Schwerkraft nach dem Prinzip der Neigungswaage. Die Waage erreicht das Gleichgewicht, wenn die Auslenkung s in horizontaler Richtung sich zur Aufhängungshöhe h wie die magnetische Kraft zur Gewichtssumme von Probe (G_p) und Probenträger (G_t) verhält.

$$\frac{s}{h} = \frac{P}{G_p + G_t}\,; \qquad J = \frac{s}{h} \cdot \frac{(G_p + G_t)}{V \cdot dH/dx} \tag{48}$$

b) Feldstärkengefälle in senkrechter Richtung nach oben oder unten; Vergleich mit der Schwerkraft. Die Waage ist als Balkenwaage ausgebildet. Die Waage wird ohne Feld austariert und nach Einschalten des Feldes erneut ins Gleichgewicht gebracht (Abb. 37).

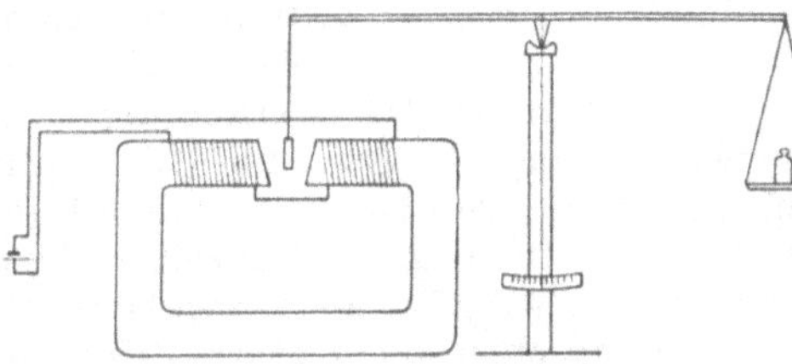

Abb. 37. Magnetische Waage mit senkrecht gerichtetem Feldstärkengefälle

c) Magnetische Waage mit elektrodynamischer Kompensation (Abb. 38). Die Auslenkung der Waage dreht einen leicht beweglichen Spiegel. Außerdem trägt der Probenhalter eine Tauchspule,

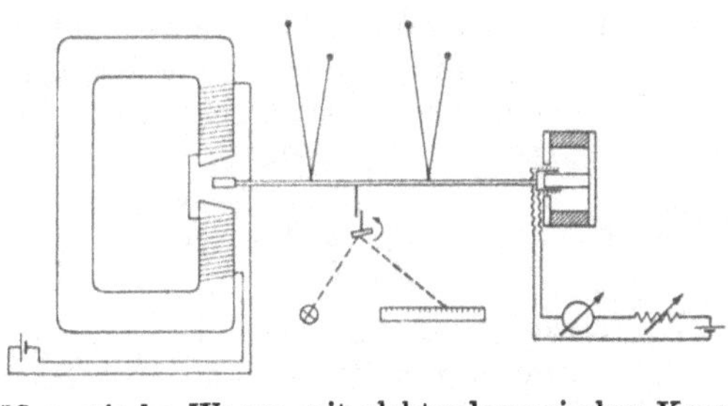

Abb. 38. Magnetische Waage mit elektrodynamischer Kompensation

die in den Luftspalt eines Ringspaltmagneten eintaucht. Durch Einstellen eines Stroms in der Tauchspule wird ein Gegenzug ausgeübt, der die Waage wieder in die Ausgangsstellung zurückbringt. Der zur Kompensation des Waagenausschlags benötigte Strom ist dem magnetischen Moment proportional.

d) Die Auslenkung der Waage wird mittels Graukeil oder durch eine keilförmige Blende und eine Photozelle in eine Photostromänderung umgeformt.

In dem keilförmigen Luftspalt, wie ihn die schematischen Abb. Nr. 36–38 zeigen, ist das Feldstärkengefälle nicht überall genau gleich, sondern es steigt mit der Verengung des Luftspaltes etwas an. Disem Übelstand kann durch eine empirisch vorgenommene Wölbung der Polschuhfläche abgeholfen werden; die damit gewonnene Konstanz gilt jedoch nur für eine bestimmte Erregung des Elektromagneten (H. Lange). Bei der Verfolgung rasch verlaufender Vorgänge ist das Ausschlagsverfahren wegen seiner Einfachheit bequem; man nimmt daher die Mühe des Nacharbeitens der Polschuhe in Kauf. Für einzelne Messungen oder langsam verlaufende Vorgänge ist das Zurückholen der Waage in die Ausgangsstellung mit einer kompensierenden Gegenkraft vorzuziehen. Dieses Verfahren hat außerdem noch den Vorzug, daß das Gewicht des Waagebalkens nicht in die Rechnung eingeht. Die Eichung kann durch eine Messung der kompensierenden Kraft oder auch durch Vergleich mit einem Probekörper vom bekannten magnetischen Moment erfolgen; in letzterem Falle erspart man sich die Kraftmessung in absoluten Einheiten. Seien P_p und P_e die zur Kompensation notwendigen Gegenkräfte in beliebigen Einheiten und $J_p \cdot V_p = M_p$ und $J_e \cdot V_e = M_e$ die Beträge der Magnetisierung, des Volumens und des magnetischen Momentes für Prüfling und Eichkörper, so ergibt sich:

$$J_p = \frac{P_p \cdot J_e \cdot V_e}{P_e \cdot V_p} \tag{49}$$

Das für die Messung mit der magnetischen Waage notwendige Feldstärkengefälle wird durch die Gestalt der Magnetpole gewonnen; seine Größe ist an den Kraftfluß des Elektromagneten gebunden. Eine Änderung der Feldstärke ohne gleichzeitige Änderung des Feldstärkengefälles ist daher mit den üblichen Elektromagneten nicht möglich, wohl aber mit einer Anordnung von mehreren eisenlosen Spulen. Die eisenlose magnetische Waage nach L. W. McKeehan Abb. 39 besteht aus einem Paar gleicher konzentrischer Spulen S 1 und S 2 in Helmholtz'scher Anordnung, die ein homogenes Feld erzeugen und zwei weiteren Spulen G 1 und G 2 zur Erzeugung des Feldstärkengefälles; der Windungssinn der einen Hilfsspule ist dem der anderen entgegengerichtet; dadurch entsteht ein lineares Feldstärkengefälle in der Achsenrichtung. Im Symmetriezentrum heben sich die entgegengerichteten Felder der Zusatzspulen auf.

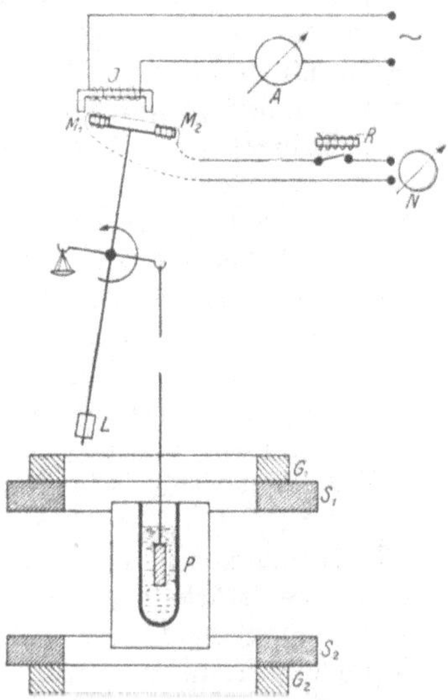

Abb. 39. Eisenlose magnetische Waage mit elektrischer Anzeige

Abb. 39 zeigt eine eisenlose magnetische Waage mit senkrechter Spulenachse. Der mechanische Teil hat die Form einer Balkenwaage; die Empfindlichkeit der Waage kann durch das Laufgewicht L verändert werden. Die Auslenkung wird induktiv gemessen. Oberhalb des Drehpunkts befindet sich ein kleiner, mit Wechselstrom betriebener Elektromagnet, J, dessen Schenkel ein offenes Viereck bilden. In der Nullstellung der Waage sind die in den übereinstimmenden Spulen M_1 und M_2 induzierten Spannungen gleich und kompensieren sich, wenn die Spulen gegeneinander geschaltet sind. Innerhalb eines kleinen Bereichs rechts und links der Nullstellung ist die Differenz der induzierten Spannungen der Auslenkung der Waage proportional. Die Differenzspannung wird durch den Schwingkontaktgleichrichter in pulsierende Gleichspannung umgeformt und von dem Nullgalvanometer N gemessen. Die Eichung der Waage kann mechanisch mit Gewichten ausgeführt werden. Wir haben somit eine mechanische Anzeige der Magnetisierung des Prüflings und eine Umformung des Ausschlags in eine bequem meßbare elektrische Spannung.

Mit dieser Anordnung lassen sich ohne besonderen Aufwand allerdings nur Feldstärken von einigen hundert A/cm erreichen, man hat aber den Vorteil eines großen und leicht zugänglichen Arbeitsraumes, in dem man z. B. Temperaturbäder bequem unterbringen kann. Man kann das Feldstärkengefälle beispielsweise in der Größenordnung von 1 A/cm² halten. Bei kleinen Objekten von wenigen cm Länge aus magnetisch harten Werkstoffen ergibt dies noch keine allzu große Ungenauigkeit; man kann dann mit einer solchen eisenlosen Waage auch ganze Magnetisierungsschleifen messen, wenn nur die Höchstfeldstärke ausreicht und der Entmagnetisierungsfaktor des Prüflings nicht zu groß ist. Für die Koerzitivkraftmessung von kleinen Magneten hat sich die Anordnung auch bei Massenprüfungen gut bewährt.

Die magnetische Schnellwaage von H. Lange und H. Franssen (Mitt. K.W.I. f. Eisenforschung **24** (1942) S. 139/44) enthält einen Elektromagneten, der trotz relativ großen Arbeitsraums noch recht hohe Feldstärken (10000 A/cm) und eine gute Konstanz des Gradienten liefert. Die Messung der spezifischen Magnetisierung kann sowohl im Ausschlagverfahren als auch durch Auswiegen mit Gewichten oder durch Verschiebung eines Laufgewichts ausgeführt werden.

D. Kraftwirkungen des homogenen magnetischen Feldes auf den Prüfling

Die Kraftwirkung des Magnetfeldes auf die Kompaßnadel ist allgemein bekannt. Die Kraft K, die die Nadel vom magnetischen Moment M in die Feldrichtung hineinzudrehen sucht, ist gleich dem Produkt aus dem Kraftfluß Φ der Nadel, der Stärke des Magnetfeldes und dem Sinus des Winkels ϑ zwischen Feldrichtung und magnetischem Moment.

$$K = \Phi \cdot H \cdot \sin\vartheta \tag{50}$$

Das vom Felde auf den magnetisierten Körper ausgeübte Drehmoment D beträgt daher:

$$D = \Phi \cdot H \cdot \sin \vartheta \cdot l = M \cdot H \cdot \sin \vartheta \qquad (51)$$
$$\text{VAs} \qquad\qquad \text{Vscm} \cdot \text{A/cm}$$

Dies Drehmoment kann ähnlich wie beim Torsionsmagnetometer durch das entgegen wirkende mechanische Drehmoment eines elastisch verdrillten Aufhängefadens T gemessen werden. Das mechanische Drehmoment ist dem Torsionswinkel proportional; man kann daher, wenn die elastische Richtkraft bekannt ist, aus dem Torsionswinkel den Kraftfluß oder das magnetische Moment bestimmen. In der schematischen Abb. 40 liefert ein Elektromagnet von großem Querschnitt das Magnetfeld; der Torsionswinkel wird mittels Spiegel und Skala gemessen. Als Prüfling dient ein schlanker zylindrischer Stab. Die Eichung kann sowohl mechanisch als auch magnetisch mit einem Probestab von bekannten magnetischen Eigenschaften ausgeführt werden. Das ziemlich selten benutzte Verfahren eignet sich besonders für Relativmessungen bei mittleren und hohen Feldern, z. B. für die Bestimmung der Temperaturabhängigkeit der Magnetisierung. Die in Abb. 40 dargestellte Form ist nur als Ausführungsbeispiel anzusehen. Man kann den Elektromagneten durch Zylinderspulen ersetzen.

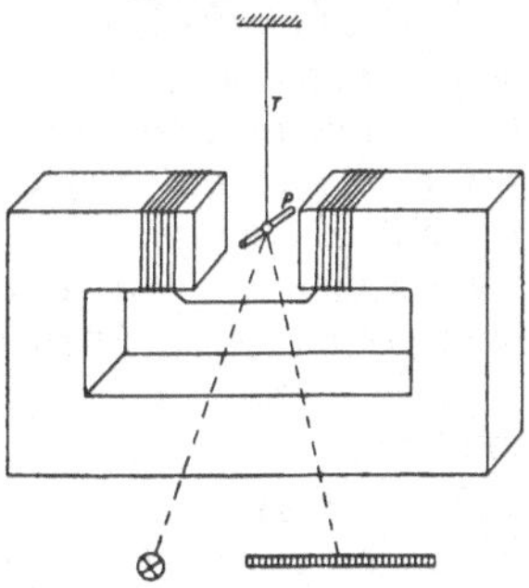

Abb. 40. Messung der Magnetisierung über ein vom Feld auf die Probe ausgeübtes Drehmoment

Die Messung des Drehmoments ist bei der Untersuchung der Texturen von gewalzten und rekristallisierten Blechen herangezogen worden, um diese mit Einkristallen zu vergleichen. Man denke sich einen kubischen Einkristall in Form einer ebenen Kreisscheibe; eine Kristallachse fällt mit der Blechnormale zusammen; die anderen beiden liegen in der Blechebene. Das Magnetfeld möge in der Blechebene rotieren. Da die Kristallachsen Richtungen leichtester Magnetisierbarkeit sind, findet man beim Drehen des Magnetfeldes einen Zusammenhang zwischen dem auf die Blechscheibe ausgeübten Drehmoment und dem Winkel zwischen Feldrichtung und Walzrichtung, der die Kristallsymmetrie wiederspiegelt. Bei unvollkommenen Texturen ist die Symmetrie dieser Drehmomentkurven geringer. Näheres bei L. P. Tarasow und F. Bitter, Phys. Rev. 52 (1937), S. 353/60; ferner bei H. Mußmann und H. Schlechtweg, Ann. d. Physik Leipzig (5) 32 (1938), S. 290/300.

E. Das ballistische Verfahren

Das Magnetometer und die magnetische Waage beruhen beide auf der Messung mechanischer Kräfte, die zwischen magnetischen Feldern und magnetisierten Körpern wirken. Bei beiden Verfahren ist der magnetische Kreis ungeschlossen. Das äußere Feld und das wahre Feld sind ungleich. Das ballistische Verfahren dagegen erlaubt Messungen im geschlossenen homogenen Kreis, in ungeschlossenen Kreis und in aus Probe und Joch zusammengesetzten Eisenkreis. Diese Anpassungsfähigkeit verleiht dem ballistischen Verfahren eine überragende Bedeutung unter den Gleichfeld-Meßverfahren.

1. Die Bestimmung der Magnetisierungskurve mit dem ballistischen Galvanometer im geschlossenen, homogenen magnetischen Kreis.

Wir besprechen zunächst die ballistische Bestimmung der Magnetisierungskurve im geschlossenen magnetischen Kreis. Das zu prüfende Eisen möge in Form eines Kreisringes von gleichmäßigem Querschnitt vorliegen. Der Querschnitt des Probenkörpers sei rechteckig; die Höhe des Rings sei h; der innere Radius r_1, der äußere Radius r_2; der Querschnitt somit $q = (r_2 - r_1) \cdot h$. Auf den Ring werden einige Windungen aufgebracht, die sich dem Eisenquerschnitt eng anschmiegen; sie werden an das ballistische Galvanometer angeschlossen. Ihre Zahl n_2 richtet sich nach der Empfindlichkeit des Galvanometers. Außerdem erhält der Ring eine Anzahl n_1 von Magnetisierungswindungen, die sich auf den Umfang des Ringes gleichmäßig verteilen (Abb. 41). Die magnetische Erregung des Eisens errechnet sich dann nach Gleichung:

$$H = \frac{n_1 \cdot i}{\pi (r_1 + r_2)} = \frac{n_1 \cdot i}{l} \tag{52}$$

i bezeichnet den in den Windungen n_1 fließenden Magnetisierungsstrom. Streng genommen ist die magnetische Erregung des Eisens bei einem Ring von endlicher Dicke nicht ganz gleichmäßig; sie ist am äußeren Umfang kleiner als am inneren. Für gewöhnlich begnügt man sich jedoch mit einem Verhältnis $\frac{r_2}{r_2 - r_1} \geqq 5$ und rechnet die magnetische Erregung mit dem gemäß Gleichung (52) formulierten Mittelwert.

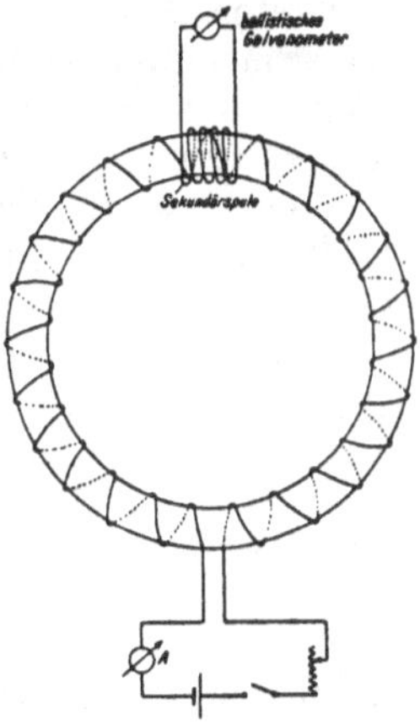

Abb. 41. Ballistische Messung der Magnetisierungskurve im homogenen, geschlossenen Eisenkreis

Vor der Messung entmagnetisiert man den Ring, wie in Abschnitt VI. A beschrieben mit einem langsam abnehmenden Wechselstrom, den man durch die Magnetisierungswicklung hindurchschickt. Nach dem Entmagnetisieren schickt man einen kleinen Gleichstrom i_1 durch die Windungen n_1 und beobachtet am ballistischen Galvanometer den beim Einschalten dieses Stroms entstehenden Induktionsstoß β_1. Die Kraftliniendichte B war nach der Entmagnetisierung gleich Null. Durch das Einschalten des dem Strom i_1 entsprechenden Feldes H_1 erfolgt eine Änderung der Kraftliniendichte im Betrage $\Delta B = \frac{K \cdot \beta_1}{n_2 \cdot q}$. Die Induktion B ist daher gleich $B_1 = 0 + \Delta B = \frac{K \cdot \beta_1}{n \cdot q}$. K ist die ballistische Galvanometerkonstante. Bei weiterer Steigerung des Magnetisierungsstroms von i_1 auf i_2 beobachtet man einen neuen Induktionsstoß β_2 und berechnet jetzt:

$$\Delta B = B_{H2} - B_{H1} = \frac{K \cdot \beta_2}{n_2 \cdot q} \text{ oder}$$

$$B_{H2} = B_{H1} + \Delta B = B_{H1} + \frac{K \cdot \beta_2}{n_2 \cdot q} \tag{53}$$

Man erhält also die Kraftliniendichte durch Summieren der beobachteten Kraftflußänderungen. In dieser Weise fährt man fort und erhält eine Reihe von Werten für die Feldstärke, die dem Strom proportional ist, und eine Reihe von Kraftflußänderungen die man summieren muß, um zur jeweiligen Kraftliniendichte zu kommen. Bei der Neukurve beginnt diese Zählung einfach bei der Induktion des pauschal unmagnetischen Zustandes, nämlich bei Null.

Es läßt sich nicht immer einrichten, daß die Induktionswicklung dicht auf der Probe aufliegt. Die von den einzelnen Induktionswindungen umschlossene Fläche q_S ist oft größer als der Probenquerschnitt q_P. Bei einer Änderung des Feldes von H_1 auf H_2 ändert sich daher der von der Wicklung umschlossene Fluß erstens um den Betrag $q_P \cdot (B_2 - B_1)$ und zweitens noch um den Betrag $(q_S - q_P) \cdot (H_2 - H_1) \cdot \mu_0$. Um die Änderung von B zu erfahren muß daher die „Luftlinienkorrektur" abgezogen werden, was nach folgender Formel geschieht:

$$B_2 = B_1 + \Delta B = B_1 + \frac{\left(\frac{K \cdot \beta_2}{n} - (q_S - q_P) \cdot (H_2 - H_1) \cdot \mu_0\right)}{q_P}$$

$$= B_1 + \frac{K \cdot \beta_2}{n \cdot q_P} - \left(\frac{q_S}{q_P} - 1\right) \cdot \Delta H \cdot \mu_0 \tag{54}$$

Um störende Luftlinien zwischen den Verbindungsdrähten zum Galvanometer auszuschalten, müssen diese Leitungen verdrillt werden.

An Stelle der Neukurve wird oft die Kommutierungskurve gemessen. Man geht vom entmagnetisierten Zustand aus, legt ein sehr kleines Feld an, polt dieses 10 bis 20mal um und mißt bei den letzten Umpolungen die Änderung des magnetischen Flusses. Darauf wird die Feldstärke um einen kleinen Betrag gesteigert, wieder mehrfach umgepolt und wiederum die Flußänderung beim Umpolen gemessen. Diese schrittweise Steigerung wird bis zur

Maximalfeldstärke fortgesetzt. Die gemessenen Induktionsänderungen werden halbiert und über der Feldstärke aufgetragen. Nach Gumlich stimmen Neukurve und Kommutierungskurve praktisch überein. Die Kommutierungskurve vermeidet den Fehler, der bei der Neukurve durch Summieren der Induktionsänderungen leicht eintritt.

Bei der Aufnahme der Hysteresisschleife bestimmt man zuerst die bei der Maximalfeldstärke erreichte Induktion B_m durch mehrfaches Umpolen und Halbieren der beim Umpolen ballistisch gemessenen Induktionsänderung. Vielfach zerlegt man das Umpolen in zwei Arbeitsgänge.

Man vermindert zuerst das Feld $n \cdot i_1/l = H_1$ auf Null und beobachtet den Ausschlag β_1; beim zweiten Schritt schaltet man i_1 mit umgekehrtem Vorzeichen ein und beobachtet den Ausschlag β_2. Die Induktion für die hohe Feldstärke beträgt

$$B_m = \frac{K \cdot (\beta_1 + \beta_2)}{2 \cdot n_2 \cdot q}$$

Zwischen der positiven Induktion $+B_1$ beim Felde $+H_1$ und der gleichgroßen negativen Induktion $-B_1$ und beim Felde $-H_1$ liegt die bleibende Magnetisierung beim Felde Null, die Remanenz. Man erhält sie, wie aus Abb. 42 anschaulich wird, indem man von der doppelten Induktion B_1 die Induktionsdifferenz abzieht, die zwischen B_1 und der bleibenden Magnetisierung B_r liegt. Bei der ballistischen Messung entspricht der doppelten Induktion B_1 die Summe der Anzeigen $\beta_1 + \beta_2$ und der Differenz $B_1 - B_r$ entspricht die Anzeige β_1. Daraus folgt:

$$B_r = \frac{K \cdot ([\beta_1 + \beta_2] \cdot \frac{1}{2} - \beta_1)}{n_2 \cdot q} = \frac{K \cdot (\beta_2 - \beta_1)}{2\, n_2 \cdot q}$$

Um die Magnetisierungsschleife mit einiger Genauigkeit darzustellen, benötigt man eine größere Anzahl von Wertepaaren für H und B. Da die Größe B beim ballistischen Verfahren durch Differenzbildung gegen einen bestimmten Ausgangszustand ermittelt wird, so besteht die Gefahr, daß durch Summieren einer größeren Zahl von Differenzen sich die Fehler der einzelnen Differenzbildungen zu einem unzulässig hohen Gesamtfehler addieren. Anstatt nun viele kleine Feldänderungen in kleinen Schritten auszuführen und die Flußänderungen zu summieren, ist

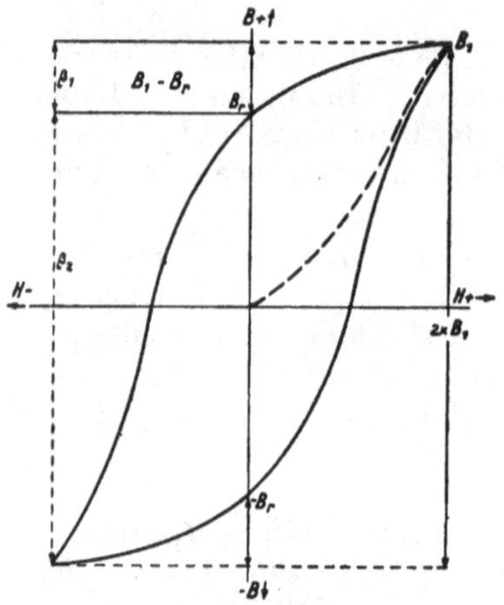

Abb. 42. Ballistische Messung der Maximalinduktion B_1 und der Remanenz B_r

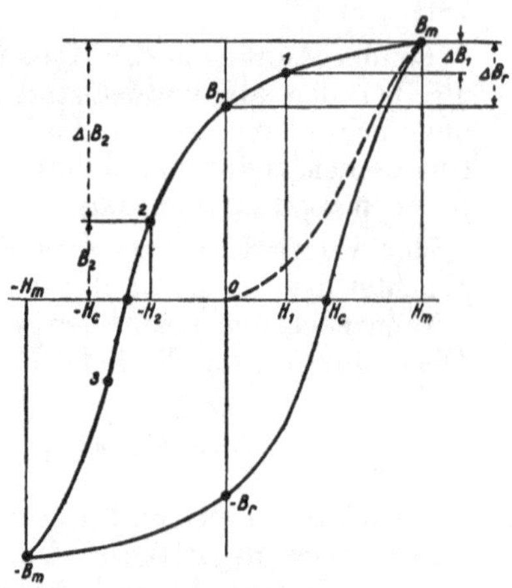

Abb. 43. Schrittweise Bestimmung der Hysteresisschleife durch Messung der Induktionsänderungen

es zweckmäßiger nach jedem Meßpunkt wieder auf die Feldstärke des Ausgangspunktes zurückzukehren und für den nächsten Punkt nur einen größeren Sprung auszuführen. Anstatt die Differenzen $(B_m - B_1)$, $(B_1 - B_2)$, $(B_2 - B_3)$, $(B_3 - B_4)$ zu messen und zu summieren, bestimmt man nacheinander die Differenzen $(B_m - B_1)$, $(B_m - B_2)$, $(B_m - B_3)$, und $(B_m - B_4)$ (Abb. 43). Man muß allerdings den Zeitverlust in Kauf nehmen, der mit dem Zurückschalten der Feldstärke von H_n auf H_m verbunden ist.

Bei der Messung des absteigenden Astes zwischen dem Maximalfeld und dem Felde Null muß der Magnetisierungsstrom stufenweise vermindert werden; diese Veränderung des Stroms darf aber nur einsinnig als Verkleinerung ausgeführt werden. Hierfür empfiehlt sich die in Abb. 44 dargestellte Anordnung mit zwei veränderlichen Widerständen und einem Schalter, mit dem der Widerstand R_1 kurzgeschlossen werden kann. Der Widerstand R_2 wird so eingestellt, daß bei kurz geschlossenem Widerstand R_1

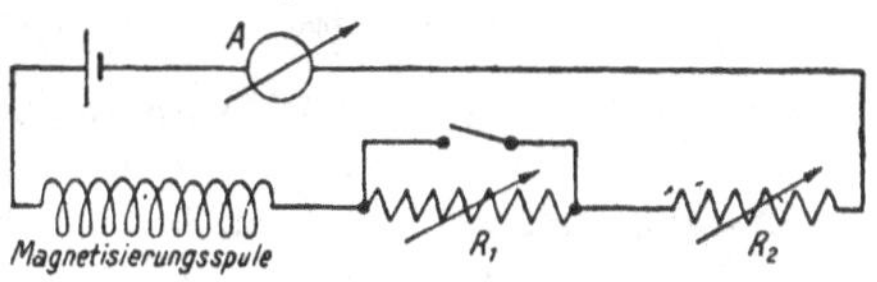

Abb. 44. Schaltbild für die Messung des absteigenden Astes zwischen B_{max} und B_r

das maximale Feld erreicht wird. Der Widerstand R_1 wird zunächst so bemessen, daß bei Öffnen des Schalters das Feld auf die gewünschte nächst niedrigere Stufe sinkt; die Flußänderung beim Öffnen des Schalters wird ballistisch gemessen. Alsdann vergrößert man R_1 bis zum Absinken des Stroms auf die nächstniedrigere Stufe und schließt den Schalter, so daß das Feld wieder bis zum Höchstwert ansteigt; dann wird der Schalter geöffnet und die nächste Induktionsänderung gemessen.

Ist man auf diese Weise durch ständige Verkleinerung des Magnetisierungsstroms bei einem sehr kleinen positiven Feld oder schließlich bei $H = 0$ angekommen, so wird der auf der negativen Seite der H-Achse liegende Teil des absteigenden Astes gemessen. Man magnetisiert wieder bis zur positiven Sättigung, schaltet das Feld ab, polt die Stromquelle um und schaltet nun ein kleines negatives Feld H_n ein und beobachtet dabei den Galvanometerausschlag beim Übergang vom äußeren Feld 0 zu dem negativen Feld H_n. Dieser Ausschlag wird in die Induktionsänderung ΔB umgerechnet und von der nach Gl. (56) bestimmten Remanenz abgezogen. Für die folgenden Meßpunkte mit höheren negativen Feldern verfährt man ebenso.

Gewöhnlich beschränkt man sich darauf, den absteigenden Ast von der positiven Sättigung bis zur negativen Sättigung zu messen und den anderen Ast nach der bekannten Symmetriebedingung zu konstruieren. Woran erkennt man aber, daß man die Sättigung erreicht hat? Die hierfür notwendige Feldstärke muß der Bedingung genügen, daß die Magnetisierung ($J = B - \mu_0 \cdot H$) bei weiterer Steigerung von H sich nicht mehr ändert. Es soll also sein: $dB/dH = \mu_0 \cdot 1$. Die Zunahme von B bei Zunahme von H um 1 Oersted beträgt im Sättigungsgebiet nur 1 Gauß.

Die Ringmethode besitzt eine große Annehmlichkeit: Im geschlossenen magnetischen Kreis von gleichmäßigem Querschnitt tritt keine Selbstmagnetisierung ein; das äußere Feld ist gleich dem wahren Feld. Leider bereitet die Herstellung ringförmiger Proben häufig sowohl wegen der benötigten Materialmengen wie wegen der Stanzfähigkeit große Schwierigkeiten; die Ringform wird daher fast nur bei den magnetisch weichen Werkstoffen angewandt, die auch mechanisch leicht bearbeitbar sind. Bei Bandkernen stimmen die Gebrauchsform und die vom meßtechnischen Gesichtspunkt erwünschte Ringform fast ideal überein.

2. Messungen an Ellipsoiden und Zylinderstäben in offener Spule.

Die Ringform ist häufig nicht herstellbar, und man ist auf stabförmige Proben angewiesen. Es gibt dann zwei grundsätzlich verschiedene Wege zur Messung der Magnetisierungskurve. Entweder schließt man den magnetischen Kreis durch Hinzufügen von sogenannten Jochen, d. h. Eisenkörpern, die den magnetischen Fluß vom einen Ende der stabförmigen Probe zum anderen leiten, oder man verzichtet auf den geschlossenen Eisenweg und mißt am stabförmigen Prüfling, dessen Kraftlinien sich durch die Luft oder den leeren Raum schließen. Bei dieser Meßweise muß der Entmagnetisierungsfaktor bekannt sein. Man bringt dann den Prüfling in eine gestreckte gerade (meist zylindrische) Spule mit gleichmäßigem Felde und bringt auf den Prüfling lediglich in der Mitte mit der Windungsfläche quer zur langen Achse eine Meßwicklung auf,

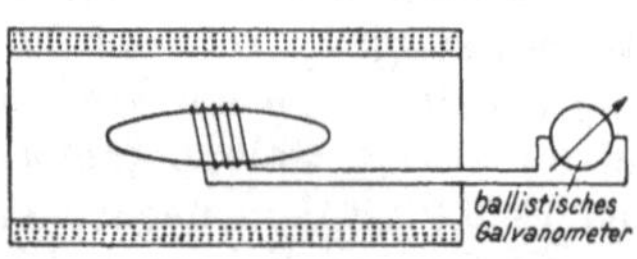

Abb. 45. Ballistische Messung am Ellipsoid

die an das ballistische Galvanometer angeschlossen wird (Abb. 45). Die in dieser Sekundärwicklung induzierte Spannung wird in der gleichen Weise wie beim Ringverfahren gemessen. Die wahre Feldstärke muß, wie im Abschnitt Entmagnesierungsfaktor beschrieben, aus der äußeren Feldstärke und der Magnetisierung durch Scherung ermittelt werden.

Bei Ellipsoiden ist der Entmagnetisierungsfaktor durch die geometrische Gestalt allein gegeben; bei Zylindern ist er außerdem noch von der Suszeptibilität abhängig, die aber für gewöhnlich unbekannt ist und erst durch die Messung bestimmt werden soll. Man kann in solchem Falle einen geschätzten Wert für die Suszeptibilität einsetzen, den entsprechenden Wert des Entmagnetisierungsfaktors aus der Tabelle entnehmen und damit eine vorläufige Scherung ausführen. Man hat dann eine erste Näherung für das wahre Feld H_w und kann somit beurteilen, ob die Suszeptibilität richtig geschätzt war; bei starker Abweichung schätzt man die Suszeptibilität ein zweites Mal, entnimmt den entsprechenden Entmagnetisierungfaktor aus der Tabelle und kommt damit zu einer verbesserten Näherung für das wahre Feld. Notfalls wird noch ein dritter Näherungswert berechnet.

Dies Verfahren wird vorwiegend für Werkstoffe von mittlerer Permeabilität verwandt. Für sehr hoch permeable Werkstoffe eignet sich es sich nicht, weil bei diesen die Unterschiede zwischen dem umgescherten äußeren Feld und dem wahren Feld gegenüber dem letzteren allzu groß werden. Bei den Werkstoffen mit sehr großer Hysterese dagegen stößt man auf die Schwierigkeit, daß sehr hohe Felder, die man zur Sättigung dieser Stoffe benötigt, in offenen Spulen, deren Feld homogen sein soll, einen hohen Aufwand an Kupfer oder an elektrischer Leistung erfordert. Bei diesen Stoffen greift man daher lieber zu den Joch-Verfahren.

3. Ballistische Messungen im Joch

Das Joch hat die Aufgabe, den Kreis der aus dem Prüfling austretenden magnetischen Kraftlinien durch einen geringen magnetischen Widerstand zu schließen. Man fertigt daher das

Joch aus einem magnetisch weichen Werkstoff und gibt ihm einen großen Querschnitt, damit der magnetische Widerstand, nämlich der Quotient aus der Länge des Eisenweges und dem Produkt aus Permeabilität und Querschnitt klein wird und gegenüber dem magnetischen Widerstand der Probe verschwindet. Der Übertritt der Kraftlinien des Prüflings in das Joch soll durch

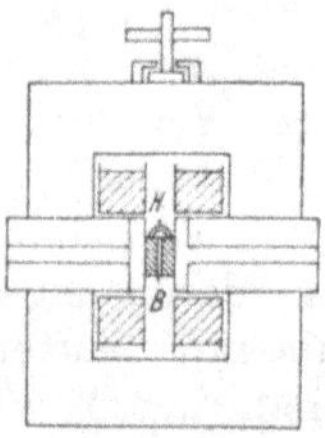

Abb. 46. Einspannung kurzer Proben mit parallelen Stirnflächen im Spannungsmesserjoch

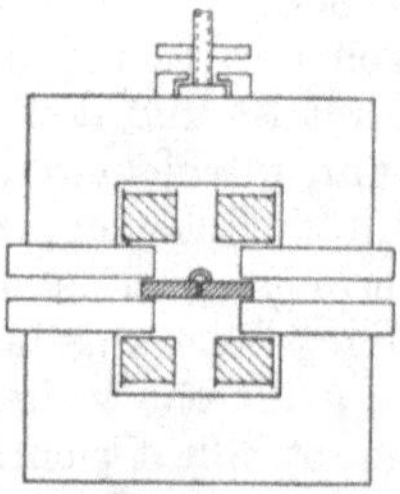

Abb. 47. Einspannung langer Proben mit parallelen Seitenflächen im Spannungsmesserjoch

ebene, gut anliegende Berührungsflächen soweit wie möglich erleichtert werden. Bei Proben mit ebenen und parallelen Stirnflächen stellt man nach Abb. 46 diesen entsprechende Polstücke gegenüber. Bei prismatischen Proben mit paarweise parallelen Flächen werden oft seitlich anliegende Polstücke nach Abb. 47 benutzt; man achte darauf, daß die Anlageflächen eben und daß sie nicht zu klein im Verhältnis zum Probenquerschnitt sind.

Die ballistische Messung der Induktion ist praktisch dieselbe wie bei der Ringmethode. Die Feldstärkenbestimmung aus der Stärke des Erregungsstromes kann aber nicht übernommen werden, weil der magnetische Widerstand des äußeren Eisenschlusses zu schlecht definiert ist. Da die Tangentialkomponente des magnetischen Feldes an der Grenze zweier Medien stetig übergeht, kann eine unmittelbar an der Oberfläche des ferromagnetischen Werkstoffes vorgenommene Feldmessung die Feldstärke im Innern des Ferormagnetikums angeben. Die benutzten Verfahren (ballistisches Verfahren mit einer Flachspule) oder mit dem magnetischen Spannungsmesser, Meßgeneratorverfahren oder elektrodynamische Verfahren) wurden in dem Abschnitt Feldmessung beschrieben.

Das Spannungsmesserjoch von H. Neumann (Hersteller Siemens & Halske) dient insbesondere zur Messung der Magnetisierungs-

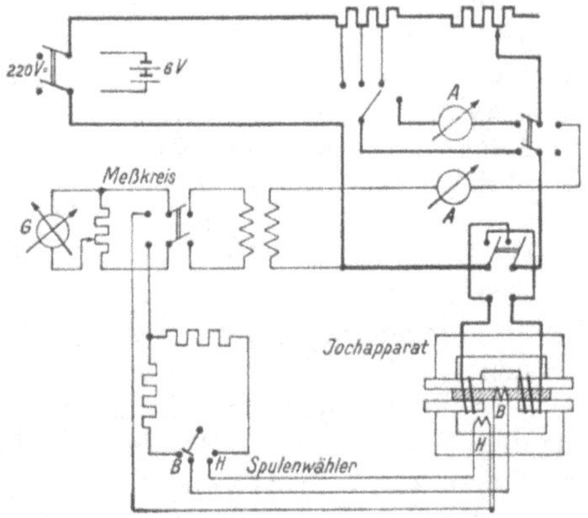

Abb. 48. Gesamtschaltbild zum Spannungsmesserjoch von H. Neumann

kurven von Dauermagnetwerkstoffen. Sein zweiteiliges Joch ist aus geschichteten Blechen mit einem Querschnitt von 2 mal 9 · 9 cm hergestellt und erlaubt Messungen an Proben von 30 bis 180 mm Länge. Die Einspannvorrichtungen sind in Abb. 46 und 47 dargestellt. Die Feldwicklung besteht aus 2 Teilspulen, die je nach Probenlänge Felder von 5000 bis 10000 A/cm herzustellen gestatten. Die Induktionsmessung geschieht ballistisch mittels einer unmittelbar auf den Prüfling aufgebrachten Meßwicklung. Zur Feldmessung dient ein magnetischer Spannungsmesser, der auf die Probe aufgesetzt und mittels einer federnden Vorrichtung abgehoben wird. Für die B-Messung und die H-Messung wird dasselbe ballistische Galvanometer benutzt. Abb. 48 zeigt das

Gesamtschaltbild der Anlage, in der auch ein Normal der gegenseitigen Induktivität für die Eichung des Galvanometers enthalten ist.

Abb. 49 zeigt eine Jochanordnung zur Messung der Induktionskurve von magnetisch weichen Stoffen. Diese hat mit dem Neumannjoch den zweischenkligen Eisenschluß gemeinsam, besteht aber aus einem massiven Stück und ist im Ganzen länger und schmaler gehalten und für unveränderliche Probenlängen von ca. 300 mm eingerichtet. Das Feld wird durch eine ungeteilte zylindrische Spule erzeugt, die den zylindrischen Probestab auf der ganzen Länge zwischen den Einspannstellen umschließt. Vermöge der Länge von Spule und Prüfling ist das Feld an der Probenmitte ziemlich homogen. Wenn der magnetische Widerstand des Jochs und der Einspannstellen, an denen die Kraftlinien der Probe ins Joch übertreten, wirklich gleich Null wäre, was aber praktisch nicht zu erreichen ist, so könnte man die Feldstärke an der Probe unmittelbar aus dem Strom und der Windungszahl der Feldspule einwandfrei errechnen. Da diese Widerstände nicht ganz zu vernachlässigen sind, muß man die berechneten Werte noch nach einer empirischen Scherungskurve berichtigen; vgl. Abschnitt VI.F. Die Induktion wird mittels einer in der Mitte der Feldspule angebrachten kurzen Spule ballistisch gemessen und durch die Luftlinienkorrektur verbessert. Das Verfahren ist weniger zuverlässig als eine Messung am Ellipsoid oder am geschlossenen Ring, ist aber bezüglich der Herstellung und Vorbereitung der Probe viel bequemer; außerdem sind hohe Feldstärken mit dieser geschlossenen Anordnung leichter zu erreichen als am Ellipsoid.

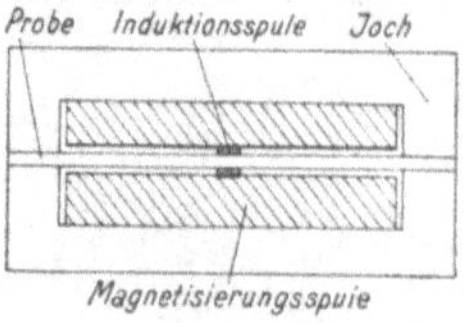

Abb. 49. Joch für Induktionsmessungen an langen Zylinderstäben

F. Messung der Induktion im Drehspulverfahren

Das elektrodynamische oder Drehspul-Verfahren wurde bereits bei den Feldmessungen beschrieben. Hieran anknüpfend können wir es als eine Umkehrung der Strommessung mit dem Drehspulamperemeter auffassen. Bei diesem liefert ein Dauermagnet einen magnetischen Fluß, der durch Weicheisenleitstücke an den Luftspalt herangeführt wird; die Polschuhe werden meist konkav geformt. Zwischen ihnen befindet sich ein zylindrischer Hohlraum, dessen Mitte durch ein weiteres Weicheisenstück, den Kern, ausgefüllt wird. Hierdurch wird erreicht, daß das magnetische Feld in den beiden Luftspalten radial zum Kern gerichtet und innerhalb

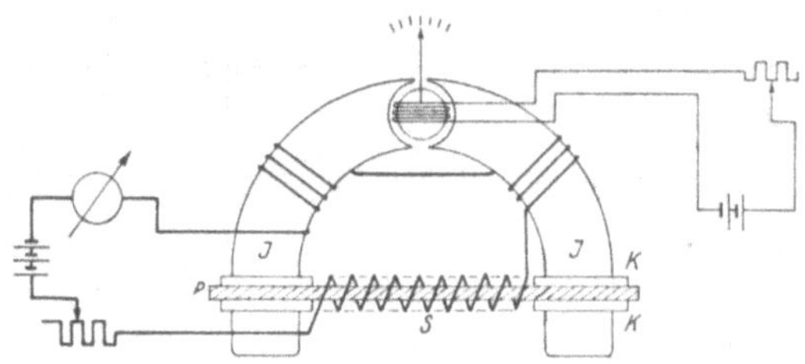

Abb. 50. Köpselapparat

eines größeren Winkelbereiches konstant ist; außerdem wird durch den Kern die Länge des Kraftlinienweges, der durch Luft führt, verkürzt und damit der magnetische Widerstand verkleinert. Die Zylinderachse des Kerns ist Drehachse für die Spule.

Der für die Prüfung von Dynamostahlguß und ähnlichen Werkstoffen von mittlerer magnetischer Härte gebaute Köpsel-Apparat (Abb. 50) besteht aus einem zweiteiligen Weicheisenjoch, J in dessen Mitte der Prüfling innerhalb einer Magnetisierungswicklung S mittels Klemmbacken K eingespannt wird. Der im Prüfling P erzeugte magnetische Fluß verläuft von einem Ende des Prüfstabes über die anschließende Jochhälfte zum Meßspalt, durch diesen hindurch und über die zweite Jochhälfte zum Prüfling zurück. Der Magnetisierungsstrom umschließt mit einigen wenigen Windungen, deren Windungssinn dem der Magnetisierungsspule entgegengerichtet ist, auch die beiden Jochhälften und kompensiert dadurch die Luftlinien, die neben dem Induktionsfluß des Prüflings noch in der Magnetisierungsspule erzeugt werden. Der Köpsel-Apparat ist so eingerichtet, daß die Magnetisierungsfeldstärken (ausgedrückt in Oersted) gleich dem 100fachen des Magnetisierungsstromes in Ampere ist. Die Windungsfläche der Drehspule und die Richtkraft der Spiralfeder sind so bemessen, daß bei Einstellung des Hilfsstromes der Drehspule auf das Produkt von 500 mA und dem Kehrwert des Querschnitts (mm^2) die Induktion unmittelbar an der

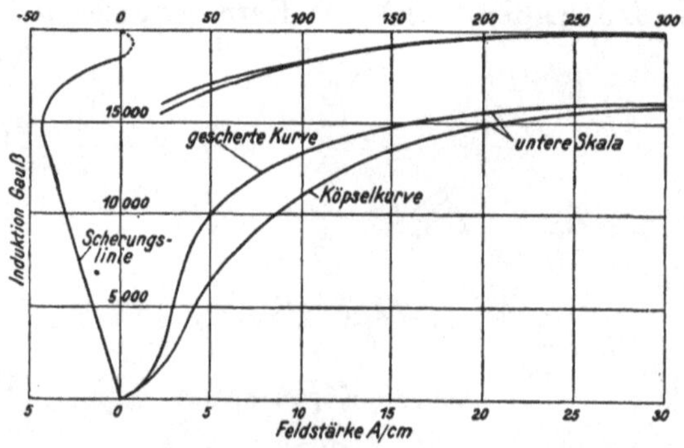

Abb. 51. Ungescherte Magnetisierungskurve eines Weicheisenstabes, mit dem Köpselapparat aufgenommene gescherte Kurve und Scherungslinie

Skala abgelesen werden kann. Da der Eisenkreis nicht geschlossen ist, müssen die Feldangaben wegen der Entmagnetisierung berichtigt werden. Hierfür werden vom Hersteller (Siemens & Halske) Scherungskurven für die gebräuchlichen Werkstoffe mitgeliefert. Abb. 51 zeigt die Scherungskurve für Weicheisen zusammen mit der gescherten und der ungescherten Magnetisierungskurve. Die Aufnahme der Neukurve muß vom entmagnetisierten Zustand ausgehen; die Feldstärkenänderungen dürfen ebenso wie bei der ballistischen Messung nur im gleichen Sinne vorgenommen werden.

Zur Aufstellung von Scherungskurven sei noch bemerkt: Man mißt die Magnetisierungskurve an einem Zylinderstab im Jochgerät (z. B. im Köpselapparat), dreht dann den Zylinder zum Ellipsoid ab und bestimmt dessen Magnetisierungskurve im Magnetometer. Aus der Differenz der beiden Kurven ergibt sich die Scherungskurve. Die Scherungskurven sind von Werkstoff zu

Werkstoff merklich verschieden; man achte darauf, daß die Scherungskurve zu dem Werkstoff, der geprüft werden soll, paßt. Bei weichem Eisen können die relativen Fehler, die durch Benutzung einer dem Werkstoff nicht entsprechenden Scherungskurve entstehen, sehr groß werden. Werkstoffe mit hoher Permeabilität werden besser in der Gestalt von Ringen oder von Ellipsoiden ballistisch oder magnetometrisch geprüft.

G. Induktionsmessungen nach dem Meßgeneratorprinzip

Das Meßgeneratorprinzip ist bei den Feldmessungen bereits besprochen worden. Seine Anwendung zur Induktionsmessung geschieht auf die gleiche Weise wie bei der Drehspule. Der im Prüfling erzeugte Fluß wird durch ein Weicheisenjoch in einen

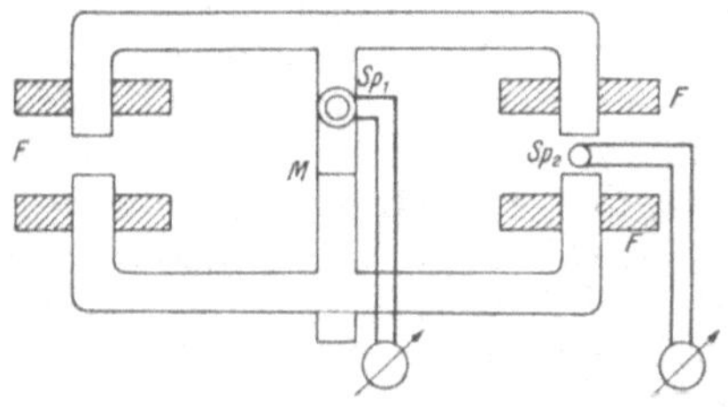

Abb. 52. Doppeljochmagnetstahlprüfer

nahezu geschlossenen Eisenweg gelenkt; der Eisenweg wird zur Aufnahme des Meßgenerators an einer geeigneten Stelle auf ein kurzes Stück unterbrochen, so daß ein bestimmter Teil der Kraftlinien des Prüflings die Windungsfläche der rotierenden Induktionsspule schneidet. Zwecks bequemerer Auswertung gibt man dem Millivoltmeter, welches die induzierte Spannung mißt, einen veränderlichen Vorwiderstand, der so eingestellt wird, daß der Gesamtwiderstand des Meßkreises dem Querschnitt des Prüflings umgekehrt proportional ist. Das Anzeigegerät kann dann unmittelbar in Gauß geeicht werden.

Abb. 52 zeigt die Anwendung dieses Verfahrens im sogenannten Doppeljochmagnetstahlprüfer (entworfen von F. Stäblein und

R. Steinitz, weiterentwickelt von J. Pfaffenberger; Hersteller AEG.). Zwei gleich große offene Vierecke aus Weicheisen, von denen das eine feststeht und das andere symmetrisch zum Mittelsteg *M* je nach Länge des Prüflings näher oder weiter herangeführt werden kann, schließen links einen leerbleibenden Luftspalt ein, während in den rechten Luftspalt, der mit ebenen und parallelen Stirnflächen versehene Prüfling eingeklemmt wird. Vier gleiche Magnetisierungsspulen F, paarweise zu beiden Seiten der Luftspalte angeordnet, dienen zur Magnetisierung. Ein aus besonders hochpermeablem Eisen (50 % Fe, 50 % Ni) hergestellter Mittelsteg verbindet die beiden Mitten der Eisenjoche, derart, daß die Eisenwege durch den Mittelsteg über die linken und die rechten Jochhälften und die Luftspalte gleich lang sind, und bei gleichem Querschnitt auch einen gleichen, sehr kleinen magnetischen Widerstand aufweisen. Die Länge des Mittelstegs ist mittels zweier übereinander gleitender Eisenstücke veränderlich gestaltet. Die Magnetisierungsspulen sind gleichsinnig geschaltet, so daß bei beiderseits leeren Luftspalten die magnetischen Flüsse in diesen gleich sind und die Flüsse im Mittelsteg sich gegenseitig aufheben. Im Mittelsteg ist schließlich noch ein Meßspalt mit einem Meßgenerator angebracht. Bringt man in den rechten Spalt einen Prüfling vom Querschnitt q, so mißt der Generator Sp 1 im Mittelzweig einen magnetischen Fluß, der gleich der Differenz der Flüsse in den beiden Luftspalten und daher gleich dem Produkt aus der Magnetisierung J und dem Probenquerschnitt ist. Die Feldstärke am Prüfling wird durch einen zweiten dicht über oder unter dessen Oberfläche rotierenden Meßgenerator Sp 2 bestimmt. Da beide Anzeigegeräte unmittelbar und ohne Differenzbildungen die Größen $J = B - \mu_0 H$ und H anzeigen, wird mit dem Gerät eine hohe Arbeitsgeschwindigkeit erzielt. Bei sehr hohen Feldstärken läßt sich allerdings die Differenzbildung der beiden Teilflüsse nicht mehr einwandfrei durchführen. Auf Einhaltung der Normalfrequenz für den Betrieb der Meßgeneratoren muß geachtet werden.

Das Doppeljoch kann anstelle der zwei Meßgeneratoren auch mit Geräten für ballistische Messungen ausgerüstet werden (W. Jellinghaus, Z. S. techn. Phys. 23 (1942) S. 312/14). Zur Feldmessung kann ein magnetischer Spannungsmesser dienen, der bei der Messung um 180° gedreht wird oder wie beim Neumann-Joch von der Probenoberfläche fort in einen feldfreien Raum gebracht wird. Für die ballistische Messung des Flusses im Mittelsteg hat der Verfasser die in Abb. 53 dargestellte Anordnung gebaut; die Induktionswicklung *W* ist auf dem Ende des Mittelstegs *M* in

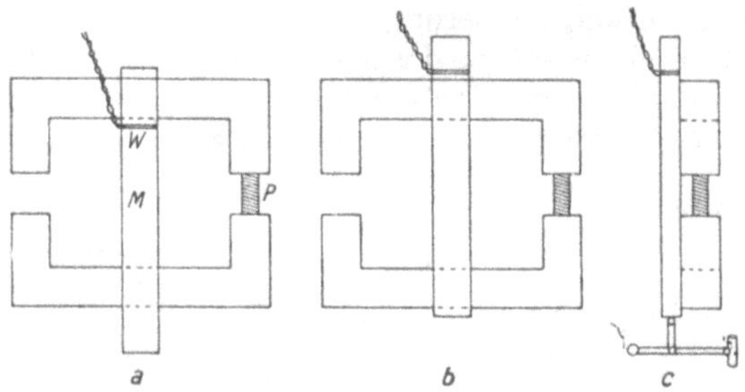

Abb. 53. Doppeljochmagnetstahlprüfer mit ballistischer Messung

einer Nut untergebracht, und dieser kann mit einer einfachen Führung um einige Zentimeter nach vorne gezogen oder zurückgeschoben werden, so daß in der einen Stellung die Wicklung vom Kraftfluß durchsetzt wird und in der anderen frei von Kraftlinien bleibt. Die beiden ballistischen Messungen werden mit demselben Galvanometer ausgeführt. Die Anordnung unterscheidet sich von der Mehrzahl der gebräuchlichen ballistischen Geräte dadurch, daß der Fluß selbst bestimmt wird, während sonst meist eine Flußänderung zur Anzeige kommt.

VII. Sonderverfahren zur Bestimmung der charakteristischen Punkte der Magnetisierungsschleife

In vielen Fällen ist nur ein bestimmter Abschnitt der Magnetisierungskurve für die Verwendung des Werkstoffs von Bedeutung. Für Dauermagnete ist dies beispielsweise der Abschnitt zwischen Remanenz und Koerzitivkraft. Bei anderen Stoffen interessiert mehr die Sättigung, bei anderen die Anfangspermeabilität u.s.f. Da die Aufnahme einer vollständigen Magnetisierungsschleife einige Mühe kostet, hat man, um Zeit zu sparen, Geräte und Verfahren entwickelt, die auf die Bestimmung einzelner Punkte der Magnetisierungskurve zugeschnitten sind.

A. Messung der magnetischen Sättigung

Die Sättigungsmagnetisierung verdient ein besonderes Interesse, teils weil sie im Gegensatz zu der bei niedrigen Feldern erreichbaren Magnetisierung frei von Hysterese ist, teils weil sie den Zustand vollständiger Ausrichtung der magnetischen Elementarbereiche

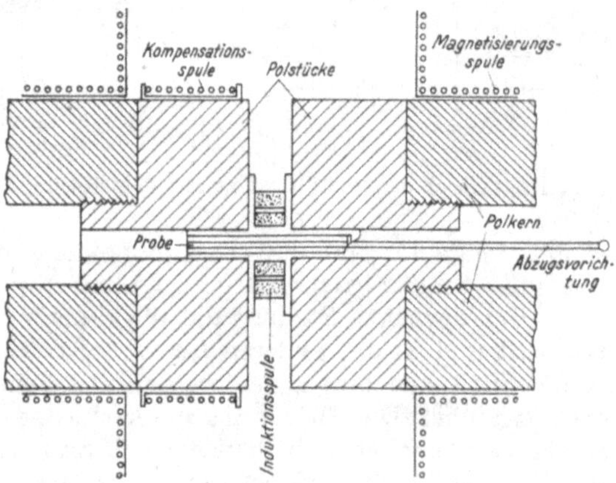

Abb. 54. Messung der magnetischen Sättigung nach F. Stäblein und K. Schroeter

parallel zum äußeren Feld repräsentiert und damit eine Grundgröße für die Theorie des Ferromagnetismus darstellt. Für die Messung der magnetischen Sättigung sind wegen dieser besonderen Bedeutung mehrere Verfahren entwickelt worden, die eigens auf diesen einzigen Punkt der Magnetisierungskurve zugeschnitten sind.

Bei dem Verfahren von F. Stäblein und K. Schroeter (Z. S. anorg. u. allg. Chem. 174 (1928) S. 193) wird ein starker Elektromagnet benutzt, dessen Pole in der Achsenrichtung durchbohrt sind (Abb. 54). Die Polschuhe haben einen Durchmesser von ca. 10 cm; der Luftspalt zwischen ihnen ist etwa 15 mm breit. In die Bohrung von 10 mm Durchmesser wird der etwa 50 mm lange Prüfling eingeführt; er kann zylindrisch bis zu 9,5 mm Durchmesser oder auch rechteckig sein; sein Querschnitt soll über eine Länge von mindestens 30 mm konstant sein. Die Mitte der Probe liegt ungefähr in der Mitte des Luftspalts. Zwischen den beiden Polen ist eine zur Bohrungsachse konzentrische Induktionsspule angebracht; ihre Windungsfläche beträgt $n_1 \cdot F_1 \cdot \mathrm{cm}^2$. Diese Spule ist mit einer aus wenigen Windungen bestehenden Kompensationswicklung verbunden, die auf einem Polschuh aufgebracht ist. Der Windungssinn der Kompensationswicklung ist der Induktionsspule entgegengerichtet; die beiden in Reihe geschalteten Spulen sind mit einem ballistischen Galvanometer verbunden.

Die Kompensationswicklung hat die Aufgabe, bei kleinen Schwankungen des zur Erregung des Elektromagneten dienenden Stroms die in der Induktionsspule erzeugten Spannungsstöße vom Betrage $n_1 \cdot F_1 \cdot \Delta H$ durch entgegengerichtete Spannungsstöße im Betrage $n_2 \cdot q' \Delta H'$ zu kompensieren. n_2, q' und $\Delta H'$ geben die Windungszahl der Kompensationsspule, den Querschnitt des Polschuhs und die durch die Stromänderung bewirkte Änderung der mittleren Kraftliniendichte innerhalb der Kompensationswicklung an. Die erforderliche Windungszahl n_2 wird empirisch so gewählt, daß eine absichtlich herbeigeführte kleine Änderung des Erregerstroms auf das ballistische Galvanometer ohne Einfluß bleibt. Wegen des im Vergleich zum Querschnitt der Induktionsspule großen Querschnitts des Polschuhs genügt hierfür eine Windungszahl n_2, die klein gegen n_1 ist. Zieht man die Probe durch die Achsenbohrung aus dem Elektromagneten heraus, so vermindert sich der von der Induktionsspule umschlossene Fluß um einen Betrag, der dem Produkt aus der Magnetisierung der Probe J, und dem Probenquerschnitt q_P proportional ist. Diese Flußänderung ergibt einen Induktionsstoß A am ballistischen Galvanometer.

$$A = K\beta = n_1 \cdot q_P \cdot J \cdot C\,. \tag{57}$$

Der Faktor C liegt in der Größenordnung 1 und enthält folgende

Korrekturen. Die Feldstärke in dem von der Induktionsspule umschlossenen Querschnitt ist durch die Anwesenheit einer Probe um einen kleinen Betrag vermindert, der dem Probenquerschnitt und der Magnetisierung der Probe proportional ist. Beim Herausziehen der Probe wird also die Feldstärke innerhalb der Induktionsspule wieder erhöht; die beim Abziehen der Probe eintretende Flußänderung erscheint hierdurch etwas verkleinert. Ferner steckt in der Korrektur C die Verminderung des Gesamtflusses, der von der Kompensationswicklung umschlossen und durch das Herausziehen der Probe vermindert wird. In genauerer Formulierung ergibt sich also der Induktionsstoß A gemäß Gleichung (58):

$$\begin{aligned} A &= K \cdot \beta = n_1 q_P J - n_1 q_P J a - n_2 q_P J \\ &= q_P J (n_1 - n_1 a - n_2) \\ &= q_P J n_1 (1 - a - n_2/n_1) = q_P J n_1 C. \end{aligned} \tag{58}$$

$$C = 1 - a - \frac{n_2}{n_1}$$

Hieraus folgt:

$$J = \frac{K\beta}{n_1 q_P C}, \tag{59}$$

wobei K die Galvanometerkonstante und β den Galvanometerausschlag bezeichnen.

Die Korrekturgrößen a und C können durch Ausmessen des Feldes im Luftspalt mit besonderen Hilfsspulen bestimmt werden; man kann aber auch durch Verwendung einer Eichprobe mit genau bekannter Sättigung die Korrekturgröße C indirekt bestimmen. Diese Bestimmungen gelten jeweils nur für einen bestimmten Erregungsstrom des Elektromagneten. Gewöhnlich begnügt man sich mit einer einzigen Messung bei einer hohen Feldstärke, von beispielsweise 8000 A/cm bzw. ca. 10000 Oersted. Das Verfahren zeichnet sich durch große Arbeitsgeschwindigkeit aus; der mittlere Gesamtfehler kann auf etwa 0,5 % herabgedrückt werden.

Vielfach wird auch das sog. Joch-Isthmus-Verfahren angewandt. Hierbei wird in ähnlicher Weise der magnetische Fluß eines Elektromagneten in einen kleinen von der Probe eingenommenen Querschnitt zusammendrängt. Die Induktion im Prüfling wird durch Umpolen des Feldes ballistisch bestimmt. Die Magnetisierung ergibt sich aus der Differenz gegen das Feld. Zur Bestimmung des Feldes und zur Bestimmung der Luftlinienkorrektur werden mehrere konzentrisch um die Probe herumliegende Induktionsspulen benötigt, die auch gegeneinander geschaltet werden können; man kann dann in mehreren zur Probe konzentrischen Ringen die Kraftliniendichte in Luft bestimmen und durch Kombination mehrerer Messungen auf die Feldstärke an der Probenoberfläche extrapolieren. Diese von E. Gumlich 1914 angegebene Methode wurde später von W. Steinhaus, A. Kußmann und E. Schoen (Phys. Zeitschrift Bd. 38 (1937) S. 777ff.) noch dahin abgeändert, daß die Messung der Magnetisierung im Prüfling ähnlich wie bei Stäblein und Schröter durch Abziehen der Probe ausgeführt wird. Steinhaus, Kußmann und Schoen benutzten das Verfahren zur Bestimmung der Beziehung zwischen Feldstärke und Magnetisierung beim Einmünden in die Sättigung.

Eine andere besonders für kleine Proben sehr geeignete Bestimmung der Sättigungsmagnetisierung benutzt die im inhomogen auf den Prüfling ausgeübte Kraft. Dies Verfahren ist im Abschnitt magnetische Waagen bereits beschrieben worden; eine Genauigkeit der Bestimmung von ca. 1 % ist nicht allzu schwer zu erreichen.

B. Messung der Koerzitivkraft

Die Magnetisierungskoerzitivkraft $_{J}H_{c}$ läßt sich besonders leicht bestimmen, weil mit dem Nulldurchgang der Magnetisierung auch die Selbstentmagnetisierung verschwindet; man braucht also keinen Entmagnetisierungsfaktor zu kennen und kann die Messung an Proben von beliebiger Gestalt durchführen. Das Probenformat spielt höchstens soweit eine Rolle, als der Prüfling vor der Koerzitivkraftmessung bis ins Sättigungsgebiet magnetisiert werden muß; der hierfür erforderliche Betrag des äußeren Feldes steigt mit der Größe des Entmagnetisierungsfaktors. Infolgedessen braucht auch ein Weicheisen mit einer Koerzitivkraft von der

Größenordnung 1 A/cm, wenn es als Zylinder mit dem Dimensionsverhältnis $l/d \sim 2$ vorliegt, trotz seines niedrigen H_c-Wertes ein äußeres Feld von ca. 2400 A/cm, um bis zur Sättigung magnetisiert zu werden. Nach dem Magnetisieren muß das Feld ganz stetig auf Null herabgesetzt werden. Ein plötzliches Abschalten des Feldes, welches zur Funken- und Lichtbogenbildung an den Trennstellen führen könnte muß vermieden werden, denn hierbei können elektrische Schwingungen in der Magnetisierungsspule entstehen, welche ihrerseits zur Ausbildung von magnetischen Wechselfeldern und damit zur vorzeitigen Entmagnetisierung des Prüflings führen. Magnetisch sehr weiche Stoffe ($H_c <$ 1 A/cm) sind in dieser Beziehung besonders gefährdet.

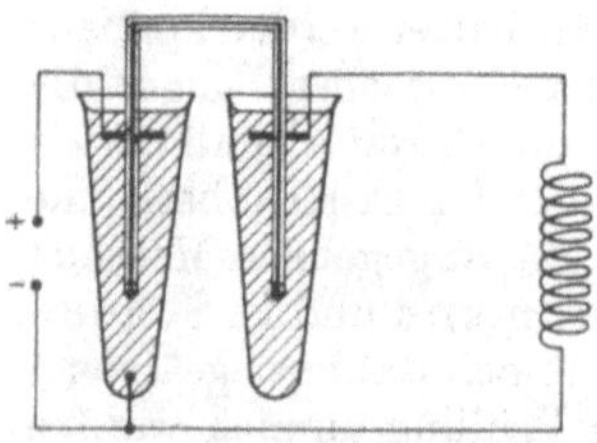

Abb. 55. Flüssigkeitswiderstand zur störungsfreien Schwächung des Magnetisierungsstroms

Da auch bei sehr gut gearbeiteten Schieberwiderständen gelegentlich Funken auftreten, ist es zweckmäßig diese Gefahr zu umgehen und das Abschalten des Feldes mit Flüssigkeitswiderständen vorzunehmen, deren bewegliche Elektroden den Widerstand in weiten Grenzen zu verändern gestatten. Abb. 55 zeigt einen derartigen Widerstand mit 2 Rohren, von denen das eine als Vorwiderstand und das andere als Potentiometer dient. Als Elektrolyt wird 1 $^0/_0$ige wässerige Natronlauge gebraucht. Die Rohre sind ca. 50 cm lang und haben am oberen Ende einen Durchmesser von 8 cm; nach unten verjüngen sie sich bis auf etwa 1 cm Durchmesser. Zwei feste, großflächige Elektroden am oberen Ende führen den Strom in den Elektrolyten hinein; als bewegliche Elektroden dienen 3 bis 4 mm starke, in Glasrohre eingeschlossene Drähte aus rostfreiem Stahl; die isolierende Glashülle endigt 1 cm vor dem unteren Ende. Die Elektroden können mittels einer mechanischen Führung vom unteren Ende der Elektrolytbehälter bis zu den oberen festen Elektroden gehoben und wieder gesenkt werden. In der höchsten Stellung dicht an der festen Elektrode beträgt der

Widerstand eines einzelnen Rohres etwa 3 Ohm; in der untersten Stellung beträgt er etwa 200 Ohm.

Nach dem Magnetisieren und dem stetigen Schwächen des Feldes bis auf Null besitzen die Proben noch eine positive Magnetisierung in Höhe ihrer scheinbaren Remanenz, welche um so kleiner ist, je größer der Entmagnetisierungsfaktor der Probe. Man legt nun ein Gegenfeld an, welches man Schritt für Schritt bis zum Verschwinden der Magnetisierung steigert. Die verschiedenen Meßverfahren für H_c unterscheiden sich nur durch die Art, wie das Verschwinden der Magnetisierung festgestellt wird.

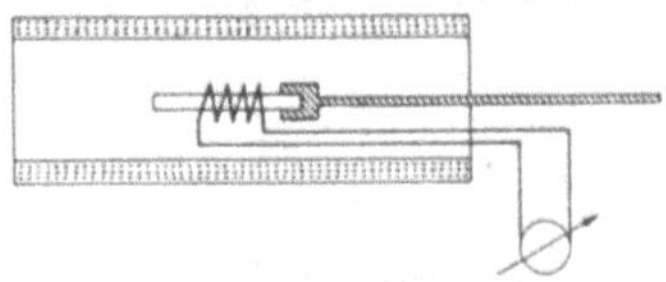

Abb. 56. Bestimmung der Magnetisierungskoerzitivkraft durch Abziehen aus der offenen Spule

Ballistisch kann man das Verschwinden der Magnetisierung feststellen, indem man in der Gegenfeldspule eine Induktionsspule fest anbringt und den Prüfling nach jeder Steigerung des Gegenfeldes herauszieht (Abb. 56). Solange die Magnetisierung noch positiv ist, zeigt das ballistische Galvanometer eine Verminderung des von der Induktionsspule umschlossenen Flusses an; mit steigendem Gegenfeld wird der Fluß immer kleiner; beim Erreichen der Koerzitivkraft ist die Magnetisierung Null, das Herausziehen des Prüflings hat keine Wirkung auf das Galvanometer; ist die Koerzitivkraft bereits überschritten, so ändert der Galvanometerausschlag das Vorzeichen. Da die Magnetisierungskurven der ferromagnetischen Stoffe in der Regel dicht oberhalb und dicht unterhalb H_c linear verlaufen, kann man die Koerzitivkraft durch lineare Interpolatiom zwischen einem positiven Ausschlag β_1 bei H_1 und einem negativen Ausschlag $-\beta_2$ bei H_2 ermitteln:

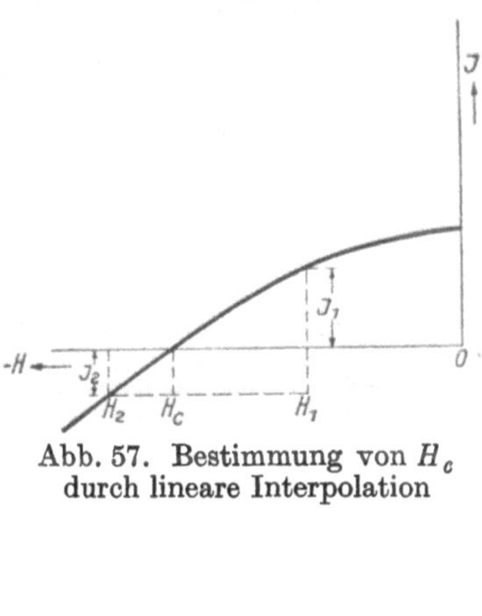

Abb. 57. Bestimmung von H_c durch lineare Interpolation

$$H_c = \frac{(H_2 - H_1)\,\beta_1}{\beta_1 + \beta_2} + H_1 \qquad \text{(Abb. 57)} \qquad (60)$$

Ein anderes Verfahren benutzt ein Magnetometer mit zwei Feldspulen, deren Wirkung auf das bewegliche Magnetometersystem genau kompensiert ist. Solange der Prüfling noch positiv magnetisiert ist, wird das Magnetometer durch das magnetische Moment des Prüflings ausgelenkt. Beim Nulldurchgang der Magnetisierung kommt das Magnetometer in die Ruhelage zurück und schlägt bei weiterer Steigerung des Gegenfeldes in der anderen Richtung aus (Abb. 33).

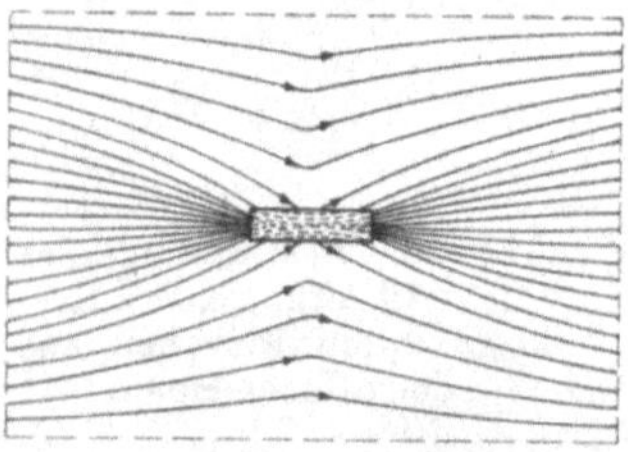

Abb. 58. Kraftlinienverlauf bei einem (äußeren und inneren) positiven Feld; B und J positiv

Das Koerzimeter von H. Neumann mißt die Kraftliniendichte in der Nähe der Probe in einer zum Gegenfeld senkrechten Richtung. Bei positivem Feld und positiver Magnetisierung ist das das Feld in der Nähe der Probe verzerrt; die Kraftliniendichte an den Polen erscheint erhöht und an der Probenmitte verkleinert (Abb. 58). Wenn das äußere Feld Null ist, treten aus der magnetisierten Probe Kraftlinien aus, die in gekrümmten Bahnen durch den umgebenden Luftraum laufen und in den entgegengesetzten Pol zurückkehren (Abb. 59). Wir finden eine Feldkomponente AF senkrecht zur magnetischen Achse der Probe. Wird ein negatives äußeres Feld angelegt, so verschwindet die senkrechte Komponente des Feldes beim Erreichen der Koerzitivkraft (Abb. 60).

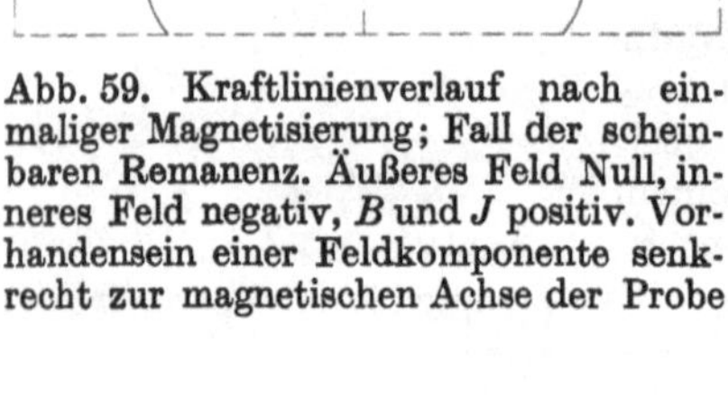

Abb. 59. Kraftlinienverlauf nach einmaliger Magnetisierung; Fall der scheinbaren Remanenz. Äußeres Feld Null, inneres Feld negativ, B und J positiv. Vorhandensein einer Feldkomponente senkrecht zur magnetischen Achse der Probe

Dieser Punkt wird durch das Koerzimeter festgestellt. Dicht vor dem Prüfling rotiert eine Spule, deren Drehachse der Richtung des Gegenfelds parallel ist (Abb. 61). Das Gegenfeld hat bei dieser Anordnung keine induzierende Wirkung. Bei positiver Magneti-

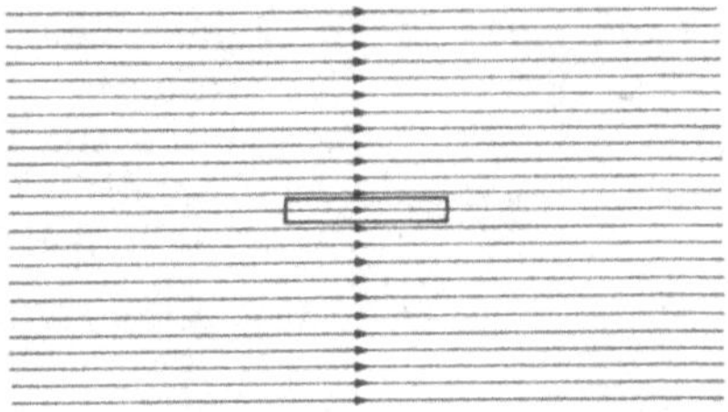

Abb. 60. Kraftlinienverlauf bei der Koerzitivkraft; Verschwinden der Feldkomponente

sierung des Prüflings erzeugt der Meßgenerator eine Induktionsspannung; diese verschwindet gleichzeitig mit der Magnetisierung der Probe und kehrt beim Überschreiten von H_c ihr Vorzeichen um. Bei allen diesen Verfahren wird die Koerzitivkraft aus der für das Verschwinden der Magnetisierung notwendigen Stromstärke in der Gegenfeldspule mittels des bekannten Spulenfaktors errechnet.

Bei magnetisch sehr harten Stoffen kann man schließlich auch eine eisenlose magnetische Waage benutzen und die Feldstärke

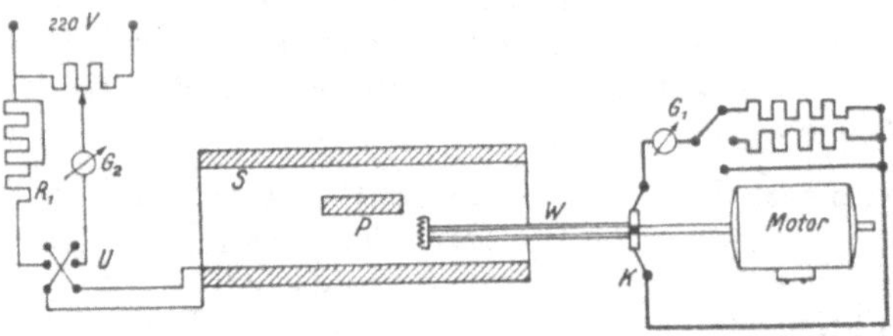

Abb. 61. Schaltschema des Koerzimeters, N = rotierende Welle mit Induktionsspule, K = Kollektor

feststellen, bei der die auf die Probe ausgeübte mechanische Kraft durch Null geht. Das Gegenfeld wird hierbei von den Feldspulen der eisenlosen Waage geliefert. Die Inhomogenität des Feldes, die für die Kraftwirkung der Waage notwendig ist, bringt einen kleinen Fehler in die Messung, der aber bei hohen Koerzitivkräften in Kauf genommen werden kann. Das Verfahren wird gelegentlich für sehr kleine Dauermagnete oder für die H_c-Messung von Hartmetallteilen benutzt.

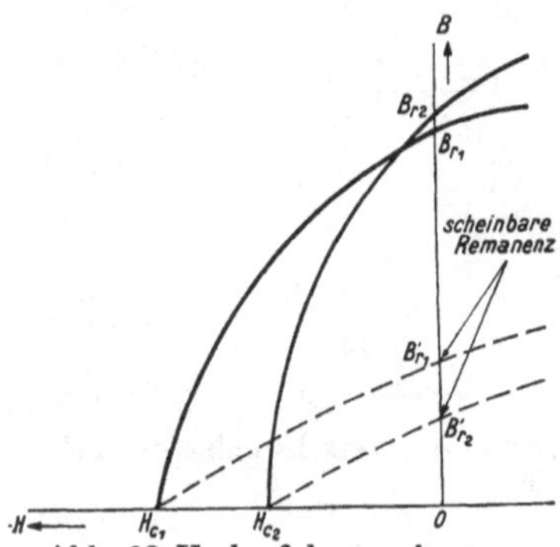

Abb. 62. Verlauf der gescherten und der ungescherten Magnetisierungskurve zwischen $H = 0$ und H_c

Für serienmäßige Vergleichsmessungen an Werkstücken von übereinstimmender Gestalt, kann man, sofern es sich um magnetisch sehr weiche Stoffe handelt, auch das magnetische Moment beim äußeren Feld Null messen und daraus gemäß Abb. 62 die Koerzitivkraft abschätzen. Abb. 62 enthält die gescherten Magnetisierungskurven zweier Werkstoffe mit den Koerzitivkräften H_{c1} und H_{c2}; außerdem sind für ein bestimmtes Dimensionsverhältnis die ungescherten Magnetisierungskurven der beiden Werkstoffe gestrichelt eingezeichnet. Man sieht, daß bei starker Selbstentmagnetisierung die scheinbaren Remanenzen der beiden Werkstoffe ungefähr im Verhältnis der Koerzitivkräfte stehen. Man kann den Vergleich durchführen, indem man mit einer Feldmeßsonde oder mit einemmagnetischen Spannungsmesser das wahre Feld an der Probenoberfläche mißt.

Neben diesen Verfahren können natürlich auch die ballistischen und magnetometrischen Verfahren benutzt werden, die zur Bestimmung der äußeren Magnetisierungskurve dienen. Die Induktionkoerzitivkraft $_BH_c$ wird fast immer aus dem Verlauf der Magnetisierungskurve entnommen. Das in Abb. 63 dargestellte ballistische Verfahren, bei dem der Prüfling in der Gegenfeldspule steckt und eine Induktionsspule von ihm abgezogen wird, ist wenig gebräuchlich.

Bei sehr kleinen Koerzitivkräften ($< 0,5$ A/cm) ist die Magnetisierung und Messung in einer Richtung senkrecht zum Erdfeld auszuführen; da Werkstoffe mit kleinem H_c meist gegen

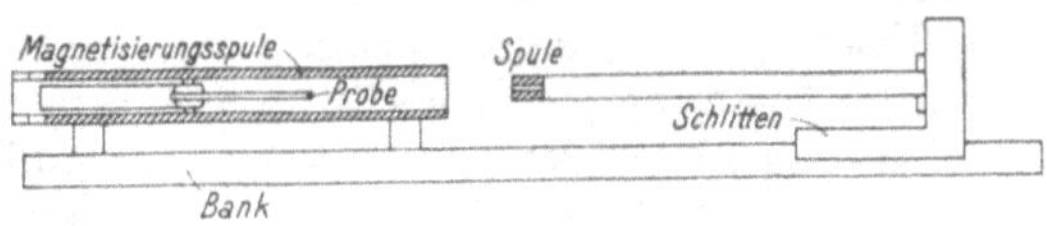

Abb. 63.
Ballistisches Verfahren zur Bestimmung der Induktionskoerzitivkraft

mechanische Erschütterungen empfindlich sind, wird die Magnetisierung und Messung möglichst ohne Ortsveränderung vorgenommen.

C. Remanenzmessung

Auch für die Remanenz gibt es neben den Bestimmungen im Zuge der Magnetisierungsschleife einige Sonderverfahren, welche sich in erster Linie für Werkstoffe von hoher und mittlerer Koerzitivkraft eignen.

Die Anordnung von H. Neumann (H. Neumann und W. Zumbusch, Wissenschaftliche Veröffentlichungen aus den Siemens-Werken, Werkstoffsonderheft 1940, S. 21/35) ist für Dauermagnete bestimmt (Abb. 64). Die Stirnflächen der Proben müssen eben und parallel sein. Die Messung geschieht im geschlossenenEisenkreis. Die Probe wird zwischen einem feststehenden Pol des Schlußjochs und einem beweglichen Polstück eingespannt und mittels der Feldspule S_1 magnetisiert. Links von der Probe zeigt Abb. 64 auf dem Abschnitt E des Schlußjochs eine Meßwicklung S_2, die mit einem ballistischen Galvanometer verbunden ist. Dieser Abschnitt E mit samt Meßwicklung kann durch eine (nicht dargestellte) Vorrichtung aus

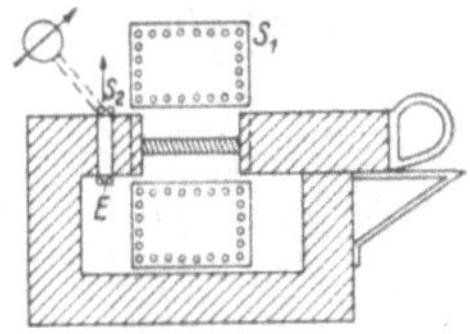

Abb. 64.
Remanenzmesser von H. Neumann

dem Joch seitlich herausgezogen werden, wodurch ein Luftspalt von einigen Millimeter Breite entsteht. Die Induktion in der von der Meßwicklung umschlossenen Eisenscheibe sinkt durch das Herausziehen praktisch auf Null, d. h. das ballistische Galvanometer mißt eine Änderung des Kraftflusses, die praktisch gleich dem Gesamtfluß im geschlossenen Kreise ist. Da das Joch aus sehr weichem Eisen besteht, liefert es nur einen sehr kleinen Beitrag zur gesamten Spannung. Der Fluß im geschlossenen Kreis ist daher gleich dem Produkt aus der Kraftliniendichte und dem Querschnitt des Prüflings. Bei gut anliegenden Polflächen entfällt die Scherung; die Kraftliniendichte bei der Erregung Null ist gleich der wahren Remanenz, welche sich aus Gleichung (61) berechnet:

$$B_r = \frac{K \cdot \beta}{n \cdot q} \text{ Gauß.} \tag{61}$$

Mit einer Induktionswicklung von etwa 100 Windungen erhält man bei Probenquerschnitten von 1 cm² aufwärts Spannungsstöße, die auch für ein wenig empfindliches Zeigerfluxmeter ($K = 15000$ Maxwell/Skalenteil) noch ausreichen. Das Schwächen des Magnetisierungsstromes muß, um Lichtbögen am Schalter und Wirbelströme im Eisen zu vermeiden, langsam und stetig ausgeführt werden. Zur Verhinderung der Wirbelströme empfiehlt es sich, das Joch aus Blechen aufzubauen.

Eine ähnliche, von W. Jellinghaus (Z. techn. Phys. 23 (1942) S. 312/314), beschriebene Anordnung enthält innerhalb des Eisenjochs 1 eine Bohrung, in die ein passender zylindrischer Eisenkern 6 eingesetzt wird, der von einer Meßwicklung 8 umschlossen ist. Beim Drehen des Kerns um 180° kehrt der die Meßwicklung durchsetzende Fluß sein Vorzeichen um; man mißt daher ballistisch einen den doppelten Betrag der Remanenz proportionalen Spannungsstoß (Abb. 65).

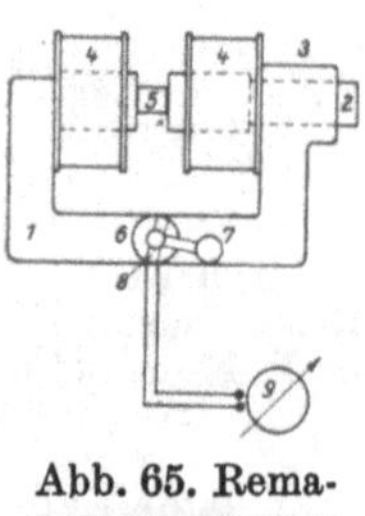

Abb. 65. Remanenzmesser von W. Jellinghaus

Bei Dauermagnetwerkstoffen ist es verhältnismäßig leicht einzurichten, daß bei einer Messung im Joch das wahre Feld an der Probe und das äußere Feld beide gleich Null werden. Durch Abheben eines magnetischen Spannungsmessers von der Probenoberfläche läßt sich dies nachprüfen. Bei Messungen im ungeschlossenen Eisenkreis, die ballistisch oder magnetometrisch ausgeführt werden können, ist die Messung des wahren Feldes unentbehrlich, um das äußere Feld so einzustellen, daß das wahre Feld Null wird. Zur Feststellung des Nulldurchgangs des wahren Feldes wird gelegentlich eine leicht bewegliche kleine Magnetnadel bebenutzt, die dicht über der Probe angebracht ist; bei Ost-West-Lage der Probe zeigt sie bei positivem Feld in die Ost-West-Richtung, beim Felde Null in die Nord-Süd-Richtung und beim negativen wahren Feld in die West-Ost-Richtung.

Von der wahren Remanenz ist die scheinbare Remanenz wohl zu unterscheiden. Sie ist die Induktion, die ein magnetisiertes Werkstück, welches keinen geschlossenen Eisenkreis bildet, nach einmaligem Magnetisieren bis zur Sättigung im äußeren Felde Null annimmt. Die scheinbare Remanenz ist keine Werkstoffkennziffer, sondern sie ist außer vom Werkstoff noch von der Gestalt abhängig. Für Ellipsoide, Zylinder und sonstige Formen, deren Entmagnetisierungsfaktoren bekannt sind, kann sie als Induktion des Schnittpunktes der Magnetisierungskurve mit der Scherungslinie berechnet werden. Beträgt beispielsweise der Entmagnetisierungsfaktor für ein Ellipsoid vom Dimensionsverhältnis $p = 20:1$ 0,00675, so schneidet die Scherungslinie die in Abb. 66 dargestellte Magnetisierungskurve im Punkte $B = 7850$ Gauß, $H \cdot \mu_0 =$

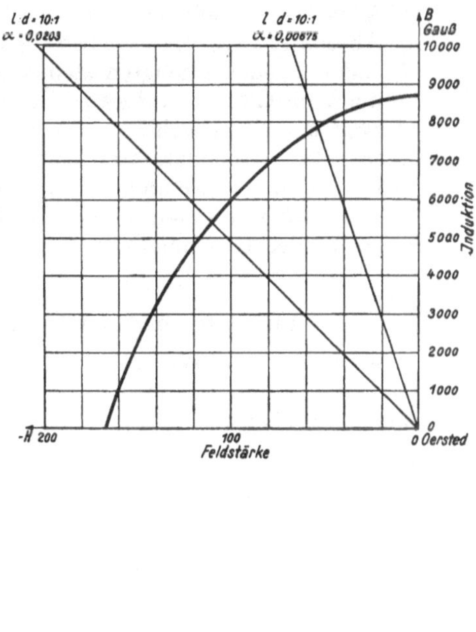

Abb. 66. Bestimmung der scheinbaren Remanenz aus dem Schnittpunkt von Magnetisierungskurve und Scherungslinie

53 Oersted bzw. $H = 42$ A/cm. Die scheinbare Remanenz beträgt also 7850 Gauß. Bei dem kleineren Dimensionsverhältnis $p = 10:1$ beträgt der Entmagnetisierungsfaktor 0,0203 und der Schnittpunkt der Scherungslinie liegt bei $B = 5400$ Gauß mit $H \cdot \mu_0 = 109{,}5$ Oersted bzw. $H = 87$ A/cm.

Die scheinbare Remanenz kann sowohl ballistisch als auch magnetometrisch oder auch in der eisenlosen magnetischen Waage bestimmt werden. Für nicht allzu kurze Ellipsoide, Zylinder oder Vierkantstäbe von gleichmäßigem Querschnitt ist das ballistische Verfahren sehr einfach. Man schiebt auf die bereits magnetisierte Probe eine kurze Induktionsspule von einigen Windungen bis zur Stabmitte und verbindet sie mit einem ballistischen Galvanometer oder Fluxmeter. Alsdann zieht man den Prüfling aus der Spule und beobachtet den Spannungsstoß.

$$B_{r\,scheinbar} = \frac{K \cdot \beta}{n \cdot q} \tag{62}$$

Die Prüfung in der eisenlosen magnetischen Waage ist ebenfalls sehr bequem. Die Feldspulen bleiben stromlos; die Gradientenspulen erhalten den notwendigen Strom, um ein kleines Feldstärkengefälle zu erzeugen; die Auslenkung der Waage wird, wie in Abschnitt VI.C beschrieben, gemessen. Wegen des in den Gradientenspulen erzeugten kleinen Feldes ist dies Verfahren nur für magnetisch harte Stoffe anzuwenden. Die scheinbare Remanenz ist zwar zur Kennzeichnung der Werkstoffeigenschaften nur sehr beschränkt brauchbar, weil der Entmagnetisierungsfaktor bei vielen Formen unbekannt ist. In der Magnetfertigung hat sich diese Messung trotzdem stark eingeführt, weil sie eine bequeme Kontrolle der Gleichmäßigkeit gestattet.

VIII. Messungen an Dauermagnetwerkstoffen

Die Aufgabe der Dauermagnete besteht darin, ein magnetisches Feld zu liefern, welches zur Erzeugung von Induktionsspannungen oder elektrodynamischen Kräften benutzt wird. Dabei interessiert in erster Linie die Größe und Dichte des Kraftflusses, der von einem

Pol des Elektromagneten ausgeht und über den Luftspalt oder Eisenschluß zum anderen Pol zurückkehrt. Dieser Fluß soll nach einmaliger Magnetisierung ohne Stromzufuhr aufrecht erhalten werden; der magnetische Spannungsabfall außerhalb des Magneten muß vom Magneten selbst bestritten werden. Die innere Feldstärke H_i ist dem Felde im Luftspalt H_L entgegengerichtet. Für die Beurteilung eines Magnetwerkstoffs benötigt man infolgedessen in erster Linie die Kenntnis des absteigenden Astes der äußeren Magnetisierungskurve zwischen der Remanenz und der Koerzitivkraft. In diesem Abschnitt ist die Induktion positiv und die Feldstärke negativ. Die anderen Teile der Magnetisierungskurve haben kein unmittelbares Interesse.

Für den einfachen Fall, daß der Dauermagnet einen nahezu geschlossenen Kreis bildet und daß die Länge des Luftspalts l_L klein ist im Verhältnis zur Länge des Kraftlinienwegs im Magnetwerkstoff l_m, kann man den Querschnitt des Luftspalts annähernd gleich dem Querschnitt q des Magneten ansetzen und erhält dann für die Kraftliniendichte im Luftspalt:

$$H_L \cdot \mu_o = \frac{\Phi}{q} \tag{63}$$

Die magnetische Spannung im Luftspalt beträgt dann $H_L \cdot l_L$ und es gilt:

$$H_L \cdot l_L + H_i \cdot l_m = 0 = \oint H dl. \tag{64}$$

Für H_L kann man unter den genannten besonderen Bedingungen schreiben:

$$H_L = \frac{\Phi}{q\,\mu_o} = \frac{B}{\mu_o}$$

so daß wir erhalten:

$$\frac{B}{\mu_o} \cdot l_L = -H_i \cdot l_m\,. \tag{65}$$

Aus dieser Gleichung ist zu ersehen, daß bei gegebener Magnetlänge l_m und gegebener Länge des Luftspalts l_L eine hohe Feldstärke im Luftspalt nur durch eine große innere Feldstärke im Magneten erzielt werden kann. Mit anderen Worten, es wird ein Werkstoff verlangt, dessen Magnetisierung selbst bei hohen negativen Feldern noch positiv ist; der Dauermagnet benötigt eine hohe Koerzitivkraft.

Der Punkt auf dem absteigenden Ast der äußeren Magnetisierungskurve, der die innere Feldstärke H_i und die Kraftliniendichte im Dauermagneten angibt, heißt Arbeitspunkt. Seine Koordinaten heißen H_A und B_A. H_A ist wegen Gl. (65) stets kleiner als Null; B_A ist, weil der Magnet ja einen positiven Kraftfluß liefern soll, größer als Null und kleiner als die bleibende Induktion B_r beim wahren Felde Null. Für die Brauchbarkeit des Magneten ist das Produkt aus der inneren Feldstärke H_i und

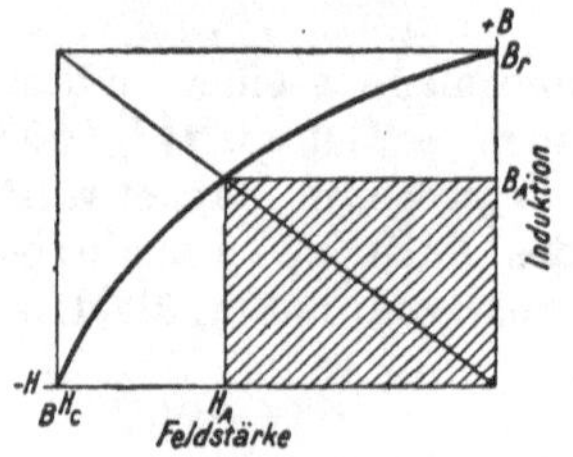

Abb. 67. Bestimmung der Güteziffer durch die Rechteckkonstruktion

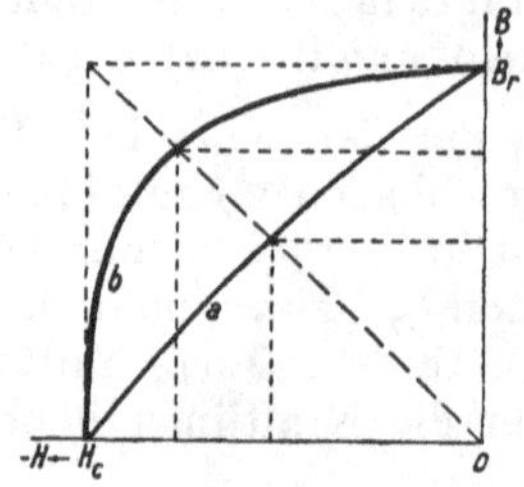

Abb. 68. Einfluß des Ausbauchungsfaktors auf die Güteziffer

der Kraftliniendichte B im Magnetwerkstoff maßgeblich. Im Remanenzpunkt muß dies Produkt wegen $H = 0$ verschwinden und ebenso im Koerzitivkraftpunkt wegen $B = 0$. Die Untersuchung zahlreicher Magnetwerkstoffe hat gezeigt, daß man dem Höchstwert des Produkts $H_i \cdot B$ sehr nahe kommt, wenn man das Rechteck über der Koerzitivkraft und der Remanenz konstruiert und durch den Koordinatennullpunkt die Diagonale zieht (Abb. 67); die Koordinaten des Schnittpunkts der Diagonalen mit der Magnetisierungskurve liefern den Höchstwert des bei der betreffenden Magnetisierungskurve erreichbaren Produkts (BH); diese Zahl wird die „Güteziffer" $(B \cdot H)_{max}$ des Magnetwerkstoffs genannt. Noch vor 20 Jahren benutzte man meist anstelle der Güteziffer das Produkt aus Remanenz und Koerzitivkraft, welches „Leistungsprodukt" genannt wurde. Nun gibt es aber, wie Abb. 68

erkennen läßt, bei gleichen Beträgen von B_r und H_c mehrere Möglichkeiten für den Verlauf der Magnetisierungskurve zwischen diesen beiden Punkten. Im Fall a (Abb. 68) verläuft die Magnetisierungskurve geradlinig und ergibt eine Güteziffer $(B \cdot H)_{max}$, die nur 25 % des Leistungsprodukts $B_r \cdot H_c$ beträgt. Als Fall b ist eine stark gewölbte Magnetisierungskurve eingezeichnet, die eine Güteziffer in Höhe von etwa 60 % des Leistungsprodukts ergibt. Man sagt die Kurve sei stark ausgebaucht und definiert entsprechend eine weitere Werkstoffkennziffer η, nämlich das Verhältnis $\frac{(B \cdot H)_{max}}{B_r \cdot H_c}$ als Ausbauchungsfaktor.

W. Zumbusch (Archiv f. d. Eisenhüttenwesen 14 (1940/41) S. 127/31) gab ein System von 3 Kennziffern an, das für alle Dauermagnetwerkstoffe die wichtigsten Eigenschaften in gedrängter Form anzeigt. Die erste seiner 3 Ziffern ist die Güteziffer $(B \cdot H)_{max}$, welche in Gauß · Oersted angegeben wird, wobei man, um kleinere, handlichere Zahlen zu erhalten, noch mit dem Faktor $\frac{10^{-3}}{8\pi}$ multipliziert. Die zweite Kennziffer ist die Permeabilität im Arbeitspunkt, nämlich das Verhältnis $\frac{B_A}{H_A}$; die dritte ist der in % angegebene Ausbauchungsfaktor η. Beispielsweise bedeutet das Zahlentripel 44—016—39 in dem System von Zumbusch einen Stoff mit der Güteziffer $44{,}2 \cdot 10^3 \cdot 8\pi = 1{,}11 \cdot 10^6$ Gauß · Oe. Die zugehörige Permeabilität im Arbeitspunkt μ_A beträgt 16 Gauß/Oe und der Ausbauchungsfaktor η 39 %. Die zugehörigen Beträge für die Induktion und die Feldstärke im Arbeitspunkt ergeben sich aus folgenden Gleichungen:

$$\text{Feldstärke im Arbeitspunkt } H_A = \sqrt{\frac{(B \cdot H)_{max}}{\mu_A}} \tag{66}$$

$$\text{Induktion im Arbeitspunkt } B_A = \frac{(BH)_{max}}{H_A} \tag{67}$$

Koerzitivkraft $$H_c = \frac{H_A}{\sqrt{\eta}} \tag{68}$$

Remanenz $$B_r = \frac{B_A}{\sqrt{\eta}} \tag{69}$$

Hierzu sei bemerkt, daß es zur Zeit noch fast allgemein üblich ist, die Magnetisierungskurven von Dauermagnetwerkstoffen in Einheiten des elektromagnetischen cgs-Systems, d. h. in Gauß und Oersted anzugeben.

Magnete, deren Luftspalt im Gebrauch abwechselnd verengt und erweitert wird, erfahren dabei eine Änderung der Magnetisierung, die nahezu reversibel verläuft. Beispielsweise hat der Magnet bei einer Luftspaltbreite b_1 einen Entmagnetisierungsfaktor N_1, der durch die Scherungsgrade I gemäß Abb. 69 dargestellt wird. Durch Verengung des Luftspalts auf die Breite b_2 wird der Entmagnetisierungsfaktor auf N_2 verkleinert und die Scherungsgrade II verläuft entsprechend steiler. Die Induktion steigt dadurch längs der vom Arbeitspunkt ausgehenden inneren Magnetisierungskurve bis zum Schnittpunkt mit der Scherungslinie II. Die Neigung der inneren Magnetisierungskurve gegen die Feldachse ist nicht ganz konstant; gegen $H = 0$ hin steigt sie etwas steiler als am Arbeitspunkt. Die Anfangsneigung bei H_A für differentiell kleine Änderungen ist die reversible Permeabilität μ_r. Über das ganze Stück von H_A bis zum Punkte P mit $H = 0$ ist das Verhältnis $\frac{P - B_A}{H_A}$ etwas grösser. Die Induktion des Punktes P wird Permanenz, der Quotient

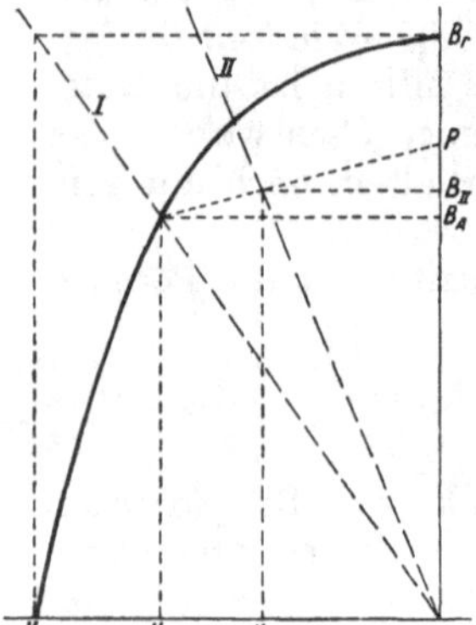

Abb. 69. Scheinbare Remanenz und Scherungslinie eines Dauermagneten bei verschiedenen Luftspaltbreiten

$\frac{P - B_A}{H_A}$ wird permanente Permeabilität μ_p genannt. Die Unterschiede zwischen der reversiblen und der permanenten Permeabilität des Dauermagneten liegen in der Größenordnung 20 % und sind bei Werkstoffen mit hoher Koerzitivkraft noch merklich kleiner. Zur Messung der reversiblen Permeabilität von Magnetwerkstoffen wird man vorzusgweise eins der geschilderten Jochverfahren benutzen. Man magnetisiert bis zur Sättigung, vermindert das Feld auf Null und schaltet ein dem Arbeitspunkt entsprechendes negatives Feld ein. Dieses Feld wird mittels der in Abb. 44 gezeigten Anordnung mehrfach verkleinert und wieder vergrößert und dabei die Induktionsänderung $\Delta B = B_{II} - B_A$ gemessen. Die Feldstärken H_A und H_{II} werden gesondert gemessen.

$$\mu_r = \frac{B_{II} - B_A}{H_A - H_{II}} \tag{70}$$

Es gibt nun zahlreiche Magnetformen, deren Gestalt zu klein oder zu unregelmäßig ist, um eine von der Gestalt unabhängige Werkstoffkennziffer daran zu messen. Zerstörende Eingriffe, durch die man eine meßtechnisch günstigere Form erhalten könnte, sind gewöhnlich unzulässig, zumal wenn die Messung an großen Stückzahlen ausgeführt werden soll, um die Gleichmäßigkeit der Fabrikation zu sichern. Man beachte im übrigen, daß die Meßgröße nicht nur durch den Werkstoff sondern in hohem Maße auch durch die Gestalt des Magneten bedingt ist. Man wird sich bei der Wahl der Meßgröße nach dem Verwendungszweck richten; man wird andererseits auch darauf achten müssen, welche Möglichkeiten zum Magnetisieren des Dauermagneten dem Verbraucher zur Verfügung stehen: Beispielsweise wird ein Hufeisenmagnet, der mit einem großen Luftspalt hergestellt wird, nur ein kleines Feld im Luftspalt aufweisen. Wird der Luftspalt dagegen durch Weicheisenpolschuhe verengt und dann nochmals magnetisiert, so findet man eine weit größere Feldstärke im Spalt. Bei einem Kernmagneten, der im Gebrauch durch ein Eisenjoch mit zwei kleinen Luftspalten geschlossen wird, kann die Sachlage umgekehrt sein. Der gegossene Rohling füllt einen größeren Teil des Spaltvolumens aus und schickt einen größeren Fluß durch das Joch als der fertig bearbeitete Magnet. Die beliebtesten Verfahren zur Beurteilung der unregelmäßig gestalteten Magnete sind die Messung des Flusses am Magneten selbst oder in einem Eisenjoch, welches den Magneten bis auf eine durch den Verwendungszweck vorgeschriebene Luftspaltbreite schließt, die Messung der Feldstärke an den Polen oder im Luftspalt und schließlich die Messung des magnetischen Moments. Fluxmeter, Eisenjoch mit Drehspule und Meßgenerator mit rotierender Spule sind besonders beliebt. Messungen und Berechnungen der magnetischen Spannung im Eisenkreis unter Berücksichtigung der Streuung erleichtern die Wahl des Prüfverfahrens.

Zur Präzisionsmessung der magnetischen Flüsse von Dauermagneten ist eine ballistische Nullmethode entwickelt worden. Gleichzeitig mit der Bewegung einer Induktionsspule relativ zum magnetischen Fluß wird ein Schalter geöffnet, und dadurch ein aus Batterie, Widerstand und Wechselinduktivität bestehender Stromkreis unterbrochen Die Sekundärwicklung der Induktivität liegt in Reihe mit der zuvor genannten Induktionsspule; der in der Sekundärwicklung erzeugte Spannungsstoß wird durch Feinregelung des Stroms so bemessen, daß er dem bei der Bewegung der Induktionsspule enstehenden Spannungsstoß entgegengesetzt gleich ist. Es soll eine Genauigkeit bis zu 10^{-4} erreicht werden. Das Verfahren hat für die Prüfung der zeitlichen Konstanz von Dauermagneten Bedeutung.

IX. Messungen in Wechselfeldern

A. Einleitende Bemerkungen über Wellenform und Meßgeräte für magnetische Messungen im Wechselfeld

Die bisher betrachteten Meßverfahren erstrecken sich auf zeitlich unveränderliche Felder, auf die in solchen Gleichfeldern beobachteten Magnetisierungszustände und auf die einmaligen Änderungen der Magnetisierung bei einmaliger Änderung des Feldes. Ein sehr großer Teil der technischen Anwendungen des Ferromagnetismus beruht jedoch auf der periodischen Veränderung der magnetischen Felder und der Zustände in ferromagnetischen Stoffen. Man ist daher gezwungen, sich mit Messungen im Wechselfeld zu beschäftigen, selbst wenn Gleichstrommessungen in vielen Fällen leichter durchzuführen sind. Bei geringer Frequenz der Feldänderungen verhalten sich die ferromagnetischen Stoffe in Wechselfeldern ähnlich wie bei den einmaligen Änderungen in Gleichfeldern; bei höheren Frequenzen jedoch machen sich neben den reinen magnetischen Zustandsänderungen noch Nebenerscheinungen wie z. B. die Wirbelstromverluste bemerkbar. Bei hoher Frequenz können diese Nebenerscheinungen die magnetischen Effekte in ihrer technischen Bedeutung sogar weit übertreffen und schließlich können bei höchsten Frequenzen sogar Veränderungen im magnetischen Zustand der Atome eintreten, die ihr Verhalten grundsätzlich ändern.

In den folgenden Abschnitten werden wir periodisch veränderliche Magnetfelder und die periodische Veränderung der magnetischen Zustandsgrößen der ferromagnetischen Stoffe betrachten. Auch hier kann es nicht die Aufgabe eines den Meßverfahren gewidmeten Buches sein, die magnetischen Grunderscheinungen in Wechselfeldern ausführlich darzustellen. Sie müssen als bekannt vorausgesetzt oder an anderer Stelle aufgesucht werden. Der folgende Abschnitt soll dementsprechend nur die für die magnetischen Messungen in Wechselfeldern notwendigen Begriffsbestimmungen mit kurzen Erläuterungen bringen.

Die wesentlichsten Kennzeichen der magnetischen Wechselfelder sind ihre Frequenz, ihre Amplitude und ihre Wellenform. Unter Frequenz versteht man die Anzahl der Wiederholungen gleicher Zustände in der Zeiteinheit; die Einheit der Frequenz heißt Hertz und entspricht einer Periode/sec. Die Schwingungsdauer τ in sec ist gleich dem Kehrwert der in Hz ausgedrückten Frequenz.

$$\tau = \frac{1}{f} \tag{71}$$

Unter Wellenform versteht man das geometrische oder mathematische Gesetz, welches die Schwingungsamplitude innerhalb einer Periode mit der Zeit verknüpft. Als Zeiteinheit benutzt man hierbei die Schwingungsdauer. Da die Wellenform der technisch üblichen Wechselströme durch die Sinusfunktion oder Cosinusfunktion ausreichend dargestellt werden kann, und da sich alle stetigen periodischen Vorgänge durch Kombination von Sinus- und Cosinus-Funktionen beschreiben lassen, gebraucht man im weiten Umfange statt der Bruchteile einer Schwingungsdauer zur Darstellung des Zeitgesetzes der Schwingung ein anderes Zeitmaß, nämlich die elektrischen Grade. Hierbei hat man sich eine Kreisfunktion vorzustellen, derart, daß die Zeit durch einen Winkel dargestellt wird, der sich mit konstanter Geschwindigkeit ändert und innerhalb einer Periode alle Werte zwischen 0 und 360° durchläuft. Daneben gebraucht man außerdem die Zählung der Winkel in Bogenmaß, wie es in der höheren Mathematik üblich ist. 360 elektrische Grade entsprechen also in Bogenmaß dem Winkel 2π. Aus den im Bogenmaß angegebenen elektrischen Winkeln ergibt sich die Kennzeichnung der Geschwindigkeit periodischer Vorgänge durch die Kreisfrequenz ω.

$$\omega = 2\pi \cdot f = \frac{2\pi}{\tau}. \tag{72}$$

Diese Zahl gibt also die Größe des in einer Sekunde durchlaufenen elektrischen Winkels im Bogenmaß an. Die Benutzung dieser Winkel bringt gegenüber der Zeitdarstellung in sec den Vorteil, daß Wellenformen, deren Zeitgesetz sich nur durch die Frequenz unterscheidet, sofort als geometrisch ähnlich erkannt werden.

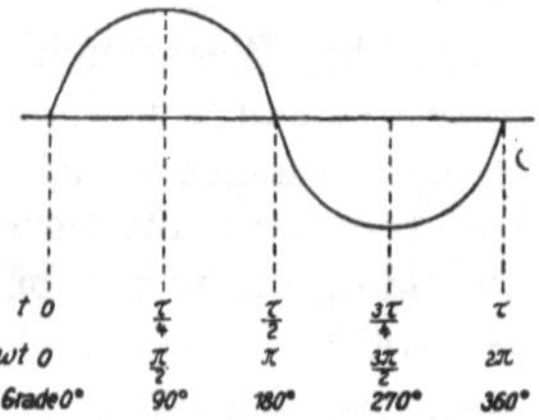

Abb. 70. Darstellung der Sinusfunktion durch die Schwingungsdauer und den Schaltwinkel (in Bogenmaß und in elektrischen Graden)

Die einfachste Wellenform einer Wechselspannung ist die Sinusform (Abb. 70). Ihr Zeitgesetz lautet $U_t = U_{\max} \cdot \sin \omega t$. Hierbei U_t der Augenblickswert der Spannung, $U_{\max}$ der Höchstwert, ω die Kreisfrequenz und t die Zeit. Im technischen Sprachgebrauch wird die Wechselspannung nicht durch den Maximalwert bezeichnet, sondern durch den Effektivwert U_{eff} ; der

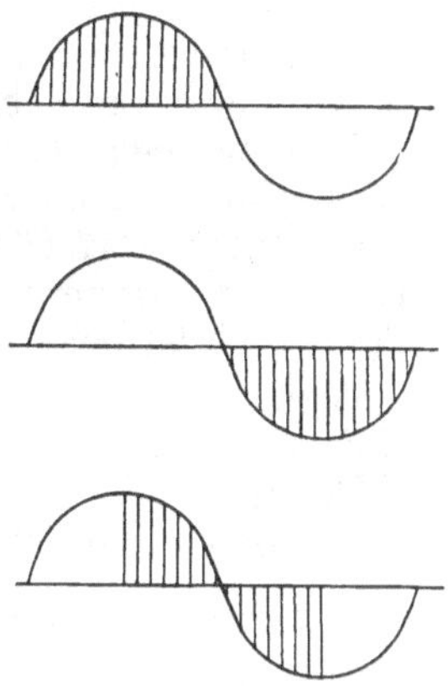

Abb. 71. Zur Wirkungsweise der phasengesteuerten Gleichrichter

a) Kontakt geschlossen zwischen 0 und π. Arithmetischer Mittelwert über die Vollperiode $i_m = + \frac{1}{\pi} \cdot i_{max}$

b) Kontakt geschlossen zwischen π und $2\,\pi$; arithmetischer Mittelwert $i_m = - \frac{1}{\pi} \cdot i_{max}$

c) Kontakt geschlossen zwischen π und $^3/_2\,\pi$; arithmetischer Mittelwert $i_m = 0$

Effektivwert eines Stromes oder einer Spannung ist aber derjenige Wert, der in einem Ohm'schen Widerstand dieselbe Leistung ergibt, wie ein Gleichstrom; die Maximalspannung oder der Maximalstrom einer Sinuswelle verhalten sich daher zu den Effektivwerten wie $\sqrt{2}:1$; mit anderen Worten: $U_{eff} = 0{,}707 \cdot U_{max}$. Die technischen Strom- und Spannungsmesser sind in Effektivwerten geeicht. Effektivwerte sind stets als positive Zahlen zu betrachten. Neben den typischen Effektivwertmessern, wie den Weicheiseninstrumenten, den Hitzdrahtstrommessern und den Thermoumformern, gibt es auch Meßgeräte, die den arithmetischen Mittelwert eines Wechselstromes anzeigen. Ein Blick auf Abb. 71 zeigt, daß der arithmetische Mittelwert eines reinen Wechselstromes innerhalb einer Vollperiode gleich Null ist; für die erste Halbperiode der in Abb. 70 gezeichneten Sinuswelle ist er dagegen positiv, für die zweite Halbwelle negativ. Für die von der Zeit $\frac{1}{4}\,\tau$ bis $\frac{3}{4}\,\tau$ erstreckte Halbwelle dagegen ist das arithmetische Mittel wieder Null. Das bei den Messungen des Gleichfeldes bereits erwähnte Meßgeneratorverfahren mit Kommutator und Gleichspannungsmesser gibt arithmetische Mittelwerte an; wir werden bei der Wechselinduktionsmessung mit Gleichrichtern noch andere Mittelwertsmessungen kennen lernen.

Wir sehen also bereits bei einer sinusförmigen Spannung, welche nur den einfachsten Fall einer periodischen elektrischen Größe darstellt, daß zu ihrer eindeutigen Kennzeichnung nicht nur der Maximalwert oder der Effektivwert oder der arithmetische Mittelwert, sondern auch Frequenz und Wellenform gehören. Schließlich ist noch die Phasenlage zu beachten.

Wird an eine Wechselspannung, deren Zeitgesetz durch eine einfache Sinusfunktion, z. B. $U = U_o \cdot \sin \omega t$ gegeben ist, ein Widerstand angelegt, der frei von Induktivität und Kapazität ist, so ist der zeitliche Verlauf des Stroms ebenfalls sinusförmig. Der Strom folgt dem Ohm'schen Gesetz $i = \frac{E}{R}$ und durchläuft seinen Nullwert und seinen Scheitelwert zu den gleichen Zeiten wie die Spannung. Man sagt, Strom und Spannung sind in Phase.

$$i = \frac{U}{R} = \frac{U_o \cdot \sin \omega t}{R} = \frac{i_o}{R} \cdot \sin \omega t \tag{73}$$

Enthält der Stromkreis dagegen außer dem Ohmschen Widerstand R noch eine Induktivität L, so wird von dem Strom, der die Induktivität durchläuft, eine Spannung $L \cdot \frac{di}{dt}$ induziert, die der aufgeprägten Spannung U entgegengerichtet ist und daher den Strom schwächt. Dies wird durch Gl. (74) zum Ausdruck gebracht:

$$U - L \cdot \frac{di}{dt} = iR. \tag{74}$$

Die dem Stromkreis aufgedrückte Spannung U und die induzierte Spannung $L \cdot \frac{dt}{di}$ ergeben zusammen wieder eine sinusförmige Spannung; diese Spannung durchläuft ihren Scheitelwert gleichzeitig mit dem Strom i, aber etwas später als die Spannung U. Der Strom ist gegen die Spannung in seiner Phasenlage verschoben. Im Gegensatz zu Gl. (74) lautet sein Zeitgesetz jetzt:

$$i = i_0 \cdot \sin(\omega t - \varphi)$$

Durch Einsetzen in Gl. (74) folgt:

$$U_0 \cdot \sin \omega t - L \cdot i_0 \cdot \frac{d \sin(\omega t - \varphi)}{dt} = R \cdot i_0 \cdot \sin(\omega t - \varphi) \qquad (75)$$

und Gl. (76):

$$U_0 \cdot \sin \omega t - L \cdot i_0 \cdot \omega \cdot \cos(\omega t - \varphi) = R \cdot i_0 \cdot \sin(\omega t - \varphi)$$

Gl. (76) muß für beliebige Phasenwinkel ωt gelten, mithin auch für den Phasenwinkel $\omega t = 0$ und für den Phasenwinkel $\omega t = \varphi$. Hieraus ergeben sich die zwei Gleichungen:

$$\operatorname{tg} \varphi = \frac{\omega L}{R} \qquad (77)$$

und

$$i_0 = \frac{U_0}{\omega L} \cdot \sin \varphi \qquad (78)$$

Mit Benutzung der trigonometrischen Beziehung $\sin \varphi = \frac{\operatorname{tg} \varphi}{\sqrt{1 + \operatorname{tg}^2 \varphi}}$ folgt schließlich:

$$i_0 = \frac{U_0}{\sqrt{R^2 + \omega^2 L^2}} = \frac{U_0}{R_0} \qquad (79)$$

Dies ist das Ohmsche Gesetz für einen von einer Wechselspannung mit der Kreisfrequenz ω gespeisten Stromkreis, in dem ein induktionsfreier Widerstand und eine Induktivität hintereinander geschaltet sind. Die an Stelle von $\sqrt{R^2 + \omega^2 L^2}$ abkürzungsweise geschriebene Größe R_0 heißt Scheinwiderstand oder Impedanz. Ihre Komponenten R und L führen die Namen Wirkwiderstand und Blindwiderstand. Ebenso nennt man das Produkt $i_0 \cdot R$ die Wirkspannung und das Produkt $i_0 \cdot \omega L$ die Blindspannung. Die Wirkspannung und die Blindspannung sind gerichtete Größen (Vektoren), die hinsichtlich ihrer Phasenlage um 90° gegeneinander verschoben sind. Die Wirkspannung $i_0 \cdot R$ ist gegen die dem Stromkreis aufgedrückte Spannung U um den Winkel $\operatorname{arctg} \frac{\omega L}{R}$ verschoben.

Die Induktivität oder wie man auch sagt, der Induktionskoeffizient ist so definiert, daß sein Produkt mit einer Stromstärke einen magnetischen Fluß ergibt. In diesem Sinne haben wir in Kapitel V. Abschnitt A eine eisenfreie Induktivität zur Eichung des ballistischen Galvanometers in Voltsekunden benutzt. Formal kann man sich vorstellen, daß in einer Spule mit n Windungen vom Querschnitt q, die vom Strom i durchflossen wird, ein magnetischer Fluß zustande kommt, welcher gleich $\frac{n \cdot i}{l} \cdot q \cdot \mu \cdot \mu_0 = H \cdot q \cdot \mu \cdot \mu_0 = B \cdot q = \Phi$ ist.

Beim Abschalten des Stroms wird in der eisenfreien Spule mit $\mu = 1$ ein Spannungsstoß im Betrage von $n \cdot \Phi$ Vs induziert. Gemäß obiger Definition soll $\frac{n \cdot \Phi}{i}$ als Induktionskoeffizient L bezeichnet werden. Da nach dem Induktionsgesetz zwischen induzierter Spannung E und dem Fluß Φ die Beziehung

$$E = -n \cdot \frac{d\Phi}{dt}$$

besteht, so gilt auch:

$$E = -L \cdot \frac{di}{dt} = -\frac{n^2 \cdot q \cdot \mu \cdot \mu_0}{l} \cdot \frac{di}{dt}. \tag{80}$$

Es ist also

$$L = \frac{n^2 \cdot q \cdot \mu \cdot \mu_0}{l}. \tag{81}$$

Bei einer eisenfreien Induktivität ist die Permeabilität μ konstant und unabhängig vom Augenblickswert von i, nämlich gleich $1 \cdot \mu_0$. Bei einer eisenhaltigen Induktivität dagegen ist μ für gewöhnlich nur bei sehr kleinen Feldamplituden einigermaßen konstant; bei der Mehrzahl der Eisenwerkstoffe mit Ausnahme der kleinen Gruppe der Isoperme ändert sich die Permeabilität stark mit dem Felde und daher auch mit dem Erregerstrom. Infolgedessen wird in diesem Falle auch das Glied $L \cdot \frac{di}{dt}$ in Gl. (80) nicht mehr durch eine einfache Sinusfunktion wiedergegeben. Es treten Oberwellen auf und wir erhalten trotz sinusförmiger Spannung eine von der Sinusform abweichende, verzerrte Strom-Zeit-Kurve.

Bei den magnetischen Messungen im Wechselfeld geht es nun meistens darum, nicht nur die einzelnen Größen, wie z. B. die Induktion und die Feldstärke zu bestimmen, sondern auch ihren funktionellen Zusammenhang zu erfahren. Bei solchen Aufgaben sind drei Fälle zu unterscheiden:

1. Größe a und Größe b sind durch Effektivwerte hinreichend gekennzeichnet, so daß sich die Feststellung ihrer Augenblickswerte und ihres Phasenwinkels erübrigt. Beispielsweise ergibt sich die Scheinpermeabilität als Quotient aus B_{eff} und H_{eff}.

2. Größe a und Größe b werden durch periodische Funktionen dargestellt, die nur je eine harmonische Schwingung gleicher Frequenz enthalten. Die zusammengehörigen Augenblickswerte von a und b können berechnet werden, wenn für beide Funktionen die Maximalamplituden und die Differenz der zu den Maximalamplituden zugehörigen Phasenwinkel bekannt sind. Die Maximalamplituden können bei einfachen harmonischen Funktionen gegebenenfalls aus den Effektivwerten berechnet werden.

3. Von den Größen a und b ist mindestens eine eine Summe mehrerer harmonischer Funktionen. Zur Feststellung des funktionellen Zusammenhangs zwischen a und b müssen die Augenblickswerte beider Größen für gleiche Zeitpunkte bzw. gleiche Phasenwinkel gegen einen festen Zeitpunkt gemessen werden. Dieser Fall liegt beispielsweise bei der Messung der Hysteresisschleife vor.

Diese kurzen Andeutungen dürften schon einen Teil der Schwierigkeiten gezeigt haben, die bei der Messung ferromagnetischer Eigenschaften in Wechselfeldern auftreten. Zu diesen treten jedoch noch zwei weitere Probleme hinzu, nämlich die Beschränkung der Eindringtiefe magnetischer Felder durch den Hauteffekt, der schon bei relativ kleinen Frequenzen eine homogene Magnetisierung kompakter ferromagnetischer Körper vereitelt, und schließlich die Trägheit der Anzeigegeräte.

Der Hauteffekt kommt durch Wirbelströme im ferromagnetischen Werkstoff zustande. Die Mehrzahl der ferromagnetischen

Stoffe besitzt ein beträchtliches elektrisches Leitvermögen. Durch das Wechselfeld werden im Werkstoff selbst elektrische Spannungen induziert, die dem Produkt aus der Frequenz und der Permeabilität des Werkstoffes proportional sind. Infolgedessen fließen im Werkstoff Wirbelströme, die um so größer sind, je höher seine Leitfähigkeit ist. Die Wirbelströme erzeugen aber magnetische Felder, die dem äußeren magnetischen Feld entgegengerichtet sind und diese schwächen. Da die Wirbelströme nur im Innern des Werkstückes eine geschlossene Strombahn vorfinden, so findet die Feldschwächung in erster Linie im Innern statt, während unmittelbar an der Oberfläche das äußere Feld in voller Stärke wirksam bleibt. Der Feldverlauf von außen nach innen wird näherungsweise durch folgende Beziehung wiedergegeben:

$$H_x = H_0 \cdot e^{-\beta x} \tag{82}$$

Hierbei bedeutet x die Entfernung von der Oberfläche in cm und β eine vom Werkstoff und der Frequenz des Wechselfeldes abhängige Größe gemäß folgender Definition:

$$\beta = \sqrt{\pi \cdot f \cdot K \cdot \mu \cdot \mu_0} \tag{83}$$

(f = Frequenz in Hz; K = elektrische Leitfähigkeit $\mathrm{Ohm}^{-1}\,\mathrm{cm}^{-1}$; μ = relative Permeabilität; μ_0 = Induktionskonstante = $1{,}256 \cdot 10^{-8}\ \frac{\mathrm{Vs}}{\mathrm{A \cdot cm}}$). Näheres bei R. Becker und W. Döring, Ferromagnetismus, Springer Berlin 1939, S. 228ff.

Eine homogene Magnetisierung größerer Eisenkörper ist demnach nur bei kleinen Frequenzen möglich. Im Transformatoren- und Wandlerbau schafft man bekanntlich durch Unterteilung des Eisens in isolierte Bleche oder Bänder Abhilfe; in der Hochfrequenztechnik wird der spezifische Widerstand durch Unterteilung des ferromagnetischen Werkstoffes in kleinste Pulverkörnchen, die bei Bedarf noch durch Zusätze isoliert werden, auf ein vielfaches erhöht und damit die Eindringtiefe verbessert.

Als weiterer Grund, der der Übertragung der Gleichstrommeßverfahren auf magnetische Messungen in Wechselfeldern entgegensteht, ist die mechanische Trägheit der Anzeigegeräte zu nennen. Aus dem Instrumentenbau ist bekannt, daß eine hohe Eigenfrequenz der Anzeigegeräte nur bei kleinsten Massen zu erreichen ist, d. h. aber, daß die Bestimmung der magnetischen Augenblickswerte mittels der auf den Prüfling ausgeübten mechanischen Kräfte schon bei niedrigen Frequenzen recht schwierig und bei mittleren und hohen Frequenzen unmöglich wird. Dagegen lassen sich Effektivwertmessungen bei gewissen Aufgaben mit mechanischen Geräten ausführen, sofern nämlich die auf das mechanische Anzeigeorgan ausgeübte Kraft dem Quadrat des Effektivwertes oder dem Effektivwert eines Produkts zweier Größen proportional ist, wie dies beim elektrodynamischen Wattmeter zutrifft. Dieses Produkt oder Quadrat ist ja bekanntlich stets positiv, infolgedessen braucht das mechanische Organ sich nur nach einer Richtung zu bewegen, um den zeitlichen Mittelwert des Quadrates oder Produkts anzuzeigen; hierfür ist eine gewisse Trägheit sogar erwünscht. Für die Anzeige von Augenblickswerten der magnetischen Größen ist die Auswahl der Geräte auf einen kleinen Kreis beschränkt. Einerseits gibt es elektrodynamisch arbeitende Oszillographen, die unmittelbar Ströme oder Spannungen anzeigen; ihr Frequenzbereich geht etwa bis 200 Hz. Für diese Geräte bedarf es einer photographischen Aufzeichnung der Strom-Zeit- oder Spannung-Zeit-Kurve.

Andererseits gibt es trägheitsfreie Kathodenstrahloszillographen, die mit Hilfe eines auf die Frequenz des Meßvorgangs eingestellten Kippschwingungsgeräts statt einer einmalig durchlaufenen Strom-Zeit-Kurve ein periodisch wiederholtes Strom-Zeit-Bild liefern, welches auf dem Leuchtschirm als stehendes Bild erscheint. Schließlich gibt es Geräte, die vermöge einer besonderen Kontaktschaltung nur in gewissen Phasenlagen Stromdurchgang haben; bei diesen Anordnungen werden relativ träge Gleichstrominstrumente benutzt, die statt eines periodischen Ausschlags einen zeitlich unveränderlichen Ausschlag geben, der dem arithmetischen Mittel der Augenblickswerte während der Kontaktzeit entspricht. Der Arbeitsbereich dieser Meßanordnung liegt bei Frequenzen unter 100 Hz. Der Unbequemlichkeit wegen, die mit dem Bau und Betrieb von Stromquellen für beliebige, kleine Frequenzen verbunden sind, arbeitet man vorwiegend mit der normalen Frequenz von 50 Hz.

B. Komplexe Permeabilität

Im vorhergehenden Abschnitt wurden die Momentanwerte des Stroms und der Spannung betrachtet und aus der Phasenverschiebung die Begriffe Scheinwiderstand, Wirkwiderstand und Blindwiderstand abgeleitet. Man kann sich die Formel (76) geometrisch

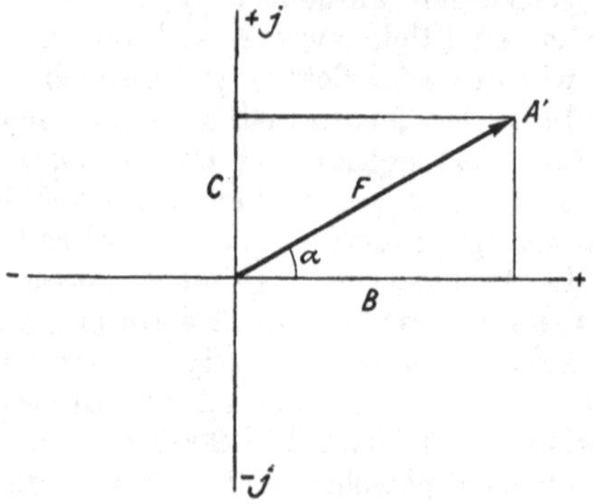

Abb. 72. Darstellung der komplexen Zahl A in der Gauss'schen Zahlenebene

veranschaulichen, indem man Wirkspannung und Blindspannung um 90° gegeneinander verdreht vom Koordinatennullpunkt aus aufträgt und vektoriell addiert.

Die Rechnung kann bequemer gemacht werden, indem man die um den Phasenwinkel 90° gegeneinander verschobenen Komponenten als Bestimmungsstücke einer komplexen Zahl darstellt. Eine komplexe Zahl A besteht aus einem Real-Teil und einem imaginären Teil, z. B.:

$$A = B + jC \qquad j = \sqrt{-1} \qquad (84)$$

B und C sind dabei reelle Zahlen. Die komplexen Zahlen können in der Gauß'schen Zahlenebene dargestellt werden (Abb. 72). Realteil und imaginärer Teil erhalten dann folgende Bedeutungen:

$$B = F \cdot \cos\alpha \;;\; C = j \cdot F \cdot \sin\alpha$$
$$A = B + F\,jC = F \cdot (\cos\alpha + j \cdot \sin\alpha)$$

Hierbei heißt F der Modul und α das Argument der komplexen Zahl A. Die geometrische Beziehung zwischen der komplexen Zahl, ihren Komponenten, dem Modul und dem Argument ergibt sich aus Gl. (a) und der Eulerschen Gleichung

$$A = F \cdot (\cos\alpha + j\sin\alpha) = F \cdot e^{j\alpha}\,. \tag{85}$$

Wir greifen auf Gl. (74) zurück. $U - L\,di/dt = Ri$. Die Spannung U der und Strom i sind beide zeitabhängig. Gleiche Frequenz und einfacher harmonischer Verlauf werden zunächst vorausgesetzt. Man schreibt in komplexer Form:

$$U = \varepsilon e^{j\omega t} = \varepsilon\cos\omega t + j\,\varepsilon \cdot \sin\omega t$$
$$i = \alpha e^{j\omega t} = \alpha\cos\omega t + j\alpha \cdot \sin\omega t$$

und für di/dt:

$$di/dt = \frac{d\alpha e^{j\omega t}}{dt} = j\alpha \cdot \omega e^{j\omega t} = j\alpha \cdot \omega \cdot (\cos\omega t + j\sin\omega t)$$

Durch Einsetzen in Gl. (74) folgt:

$$\varepsilon e^{j\omega t} - j\alpha\omega L e^{j\omega t} = R \cdot \alpha e^{j\omega t} \text{ und daraus} \tag{86}$$

$$\alpha = \frac{\varepsilon}{R + j\omega L} \tag{87}$$

Durch diese letzte Gleichung wird der Ausdruck $(R + j\omega L) = W$ als ein komplexer Widerstand definiert. Hierfür schreibt man:

$$W = w \cdot e^{j\varphi} = w \cdot \cos\varphi + j \cdot w \cdot \sin\varphi \tag{88}$$

Der Modul w und das Argument φ dieser komplexen Zahl sind gegeben durch: $w = \sqrt{R^2 + \omega^2 L^2}$ und $\operatorname{tg}\varphi = \dfrac{\omega L}{R}$

Durch Kombination von Gl. (e) und Gl. (d) ergibt sich nun:

$$i = \frac{E}{W} = \frac{\varepsilon e^{j\omega t}}{w \cdot e^{j\varphi}} = \frac{\varepsilon}{w} e^{j(\omega t - \varphi)} \tag{89}$$

Die Permeabilität wird gewöhnlich als Quotient von Induktion und Feldstärke definiert. $\mu = B/H$. Um die Induktion in komplexer Schreibweise darzustellen, setzt man wegen der Phasenverschiebung von Spannung und Induktion:

$$B = \frac{j \cdot U}{n \cdot q \cdot \omega} = \frac{j \cdot \varepsilon \cdot e^{j\omega t}}{n \cdot q \cdot \omega}$$

Die Feldstärke ergibt sich mit $H = \frac{ni}{l}$ zu

$$H = \frac{n \cdot \varepsilon}{l \cdot w} e^{j(\omega t - \varphi)}$$

Daraus folgt für μ: $\mu = \frac{B}{H} = \frac{j \cdot \varepsilon \cdot e^{j\omega t} \cdot w \cdot l}{n^2 \cdot q \cdot \omega \cdot \varepsilon e^{j(\omega t \cdot \varphi)}}$

$$\mu = j \frac{w \cdot l}{n^2 q \cdot \omega} e^{j\varphi} = \frac{j W \cdot l}{n^2 \cdot q \cdot \omega} \tag{90}$$

Durch Aufspaltung von W gemäß Gl. (87) wird die in Gl. (90) angeschriebene komplexe Permeabilität in zwei Teile zerlegt.

$$\mu = \frac{(jR - \omega L)}{n^2 \cdot \frac{q}{l} \cdot \omega} = \frac{jR}{n^2 \cdot \frac{q}{l} \cdot \omega} - \frac{\omega L}{n^2 \frac{q}{l} \cdot \omega} \tag{91}$$

Der reelle Teil μ_{LR} heißt Induktionspermeabilität; der imaginäre Anteil μ_{RR} wird als Widerstandspermeabilität bezeichnet.

$$\mu = \mu_{LR} - \mu_{RR}$$

$$\mu_{LR} = \frac{L}{n^2 \frac{q}{l}}; \quad \mu_{RR} = \frac{R_{Fe}}{n^2 \cdot \omega \cdot \frac{q}{l}}$$

C. Messung der magnetischen Feldstärke in Wechselfeldern

Das Bedürfnis zur Messung von magnetischen Wechselfeldern ist sehr viel geringer als das zur Messung von Gleichfeldern. Soweit es sich um Felder handelt, die in eisenlosen Spulen willkürlich erzeugt werden, wird man fast immer in der Lage sein, den Zusammenhang zwischen Stromstärke und Feldstärke nach einem Gleichstromverfahren zu ermitteln und dann Stärke und Wellenform des Wechselfeldes aus dem Spulenfaktor und der Stromzeitkurve abzuleiten.

Bei Wechselfeldern, die durch Wechselmagnetisierung von ungeschlossenen Eisenkreisen entstehen, bedient man sich in erster Linie des induktiven Verfahrens, wobei natürlich zur Angabe des zeitlichen Verlaufs der Feldstärke eine Kenntnis der Frequenz und der Wellenform erforderlich ist; denn die induzierte Spannung ist ja nicht nur von der Kraftliniendichte sondern auch von ihrer Änderungsgeschwindigkeit abhängig. Diese Verfahren werden in den folgenden Abschnitten unter dem Titel Messung der magnetischen Induktion besprochen werden. Da die Kraftliniendichte in Luft bei kleinen Feldstärken gering ist und bei kleinen Spulen und kleinen Frequenzen dementsprechend nur kleine Spannungen liefert, mißt man gelegentlich auch die Wechselinduktion eines in das unbekannte Feld eingeführten Eisenkörpers, um bei bekannter Beziehung zwischen Induktion und Feldstärke aus der gemessenen Wechselinduktion die Feldstärke zu erfahren. Dies Verfahren setzt voraus, daß neben dem zu bestimmenden Wechselfeld kein Gleichfeld vorhanden ist, oder daß der Betrag des Gleichfeldes gegenüber dem Wechselfeld vernachlässigt werden kann.

X. Messung der magnetischen Induktion im Wechselfeld

Die Messung der magnetischen Induktion im Wechselfeld wird fast ausschließlich nach dem induktiven Verfahren ausgeführt. Sie basiert auf der bereits beim ballistischen Galvanometer (Kap. V. Abschn. A) besprochenen Beziehung:

$$E = -n \cdot d\Phi/dt = -n \cdot q \cdot dB/dt \qquad (92)$$

Hierin bedeutet E die induzierte Spannung, n die Windungszahl des den magnetischen Fluß umschließenden elektrischen Leiters, q den Eisenquerschnitt, B die Induktion und t die Zeit. Steht für die Messung ein reiner sinusförmiger Wechselstrom zur Verfügung, so ist $B = B_{max} \cdot \sin \omega t$. Daraus folgt:

$$dB/dt = B_{max} \cdot \frac{d \sin \omega t}{dt} = B_{max} \cdot \omega \cdot \cos \cdot \omega t$$

Dies gibt:

$$E = -n \cdot q \cdot \omega \cdot B_{max} \cdot \cos \cdot \omega t \qquad (93)$$

woraus folgt:

$$E_{\mathrm{eff}} = nq \cdot \omega \cdot B_{\max} \cdot \frac{1}{\sqrt{2}} = n \cdot q \cdot 4{,}44 \cdot f \cdot B_{\max}, \tag{94}$$

worin f die Frequenz bedeutet. Wie beim ballistischen Verfahren ist auch hier wieder die Ringprobe die günstigste Probenform, weil bei dieser die zugehörige Feldstärke aus den aufgewandten Amperewindungen und der Stromstärke leicht berechnet werden kann. Messungen an Blechstreifen setzen die Kenntnis des Entmagnetisierungsfaktors voraus; dieser kann bei magnetisch weichen Werkstoffen unangenehm hoch sein. Zahlenangaben für den Entmagnetisierungsfaktor rechteckiger Blechstreifen finden sich bei E. H. Sondheimer (British Elektrical and Allied Industries Research Association Report N/T 39 [1946]).

Die Induktionsmessung mit Wechselstrom war lange Zeit durch den Mangel an geeigneten Spannungsmessern außerordentlich behindert, teils weil der Eigenverbrauch der Spannungsmesser zu hoch war, teils weil ihr Meßbereich erst bei Spannungen von einigen Volt sichere Messungen gestattete; man war genötigt, zum Elektrometer zu greifen, welches nur Effektivwerte, aber keine Augenblickswerte anzeigt oder man mußte Oszillographen benutzen, welche aber der Forderung nach kleinstem Stromverbrauch noch nicht ganz gerecht wurden. Durch die Einführung der mechanischen Gleichrichter mit einstellbarer Phasenlage und nachgeschaltetem Gleichstrommillivoltmeter wurde die Aufgabe der Induktionsmessung im Bereich niedriger Frequenzen (bis zu 100 Hz) sehr erleichtert.

A. Meßgleichrichter

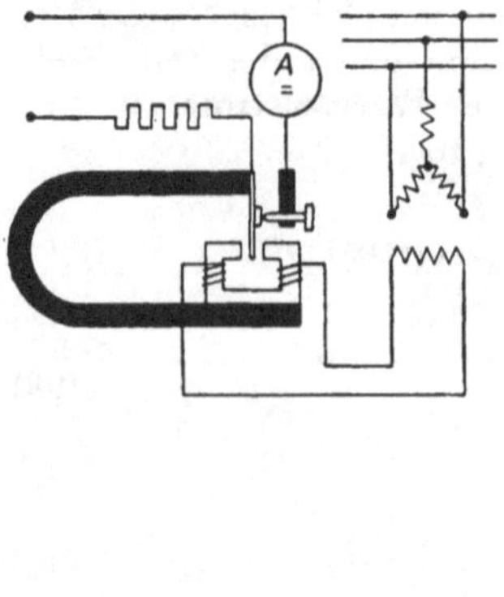

Abb. 73. Schwingkontaktgleichrichter

Die Meßgleichrichter mit einstellbarer Phasenlage sind Schalter, die mit der Grundfrequenz des zu messenden Vorgangs betrieben werden (Abb. 73). Sie schneiden aus der

Strom-Zeit-Kurve oder Spannung-Zeit-Kurve der jeweiligen Meßgröße eine Halbwelle aus; d. h. sie schließen den zum Meßinstrument führenden Kontakt für die zwischen den Phasenwinkeln φ und $\varphi + \pi$ liegende Zeit; das Meßinstrument bekommt während dieser Zeit die Spannung $U = f(\varphi)$ zugeführt und zeigt einen zeitlichen Mittelwert M an.

$$\text{Dieser ist: } M = \frac{1'}{2\pi} \cdot \int_{\varphi}^{\varphi+\pi} U \cdot d\varphi \tag{95}$$

Ist $U = f(\varphi)$ eine einfache Sinus- oder Kosinusfunktion, so werden zeitliche Mittelwerte M im Betrage von $\frac{1}{\pi} \cdot U_0 \cdot \cos\varphi$ bzw. $\frac{1}{\pi} \cdot U_0 \cdot \sin\varphi$ angezeigt; die gemessene Größe ist also den Augenblickswerten proportional.

Bei sinusförmiger Erregerspannung ist die durch die Magnetisierung des Prüflings induzierte Spannung ebenfalls sinus-

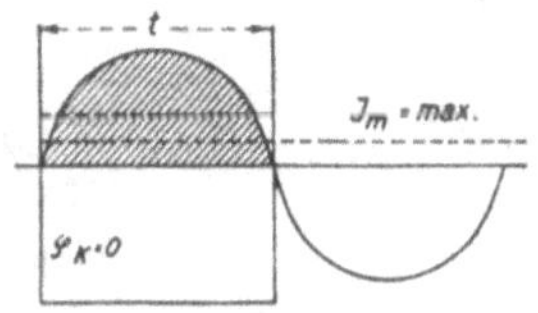

Abb. 74. Stromverhältnisse bei Phasengleichheit

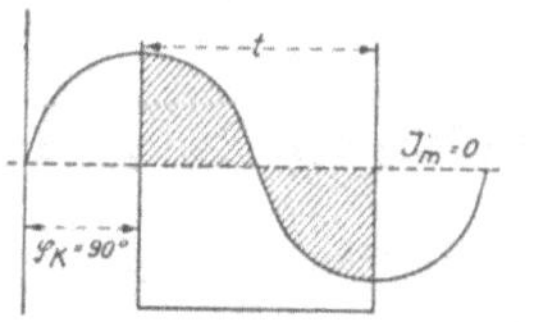

Abb. 75. Stromverhältnisse bei 90° Verschiebung

förmig, aber um 90° verschoben; statt des in Gl. (85) angegebenen Momentanwerts zeigt also der Gleichspannungsmesser, wenn der Meßkontakt zwischen φ und $\varphi + \pi$ geschlossen ist, als arithmetischen Mittelwert über die Vollperiode den Betrag

$$M = \frac{1}{2\pi} nqB_{\max} \cdot \omega 2 \sin\varphi = n \cdot q \cdot B_{\max} \cdot 2f \sin\varphi \text{ an.} \tag{96}$$

Abb. 74 zeigt die bei Phasengleichheit zwischen Meßgröße und Betriebsstrom des Gleichrichters herausgeschnittene Halbwelle. Der arithmetische Mittelwert J_m erreicht seinen Maximalwert.

Abb. 75 zeigt die bei einem Phasenunterschied von 90° ausgeschnittene Halbwelle. Der arithmetische Mittelwert erreicht den Betrag 0.

Die Beziehung zwischen Induktion und Feld ist erfahrungsgemäß für gewöhnlich nicht linear; infolgedessen ist der zeitliche Verlauf des Feldes oder des Erregerstromes bei sinusförmiger Spannung keine einfache Sinusfunktion mehr. Hier hilft man sich durch eine Differentiationsschaltung mittels einer eisenfreien Gegeninduktivität (Abb. 76). Man schickt den Strom durchdie Primärseite der Induktivität und erhält an deren Sekundärseite eine Spannung $U = -L \cdot di/dt$. Von dieser Spannung schneidet der Gleichrichter eine Halbwelle aus. Das Gleichstrominstrument erhält daher

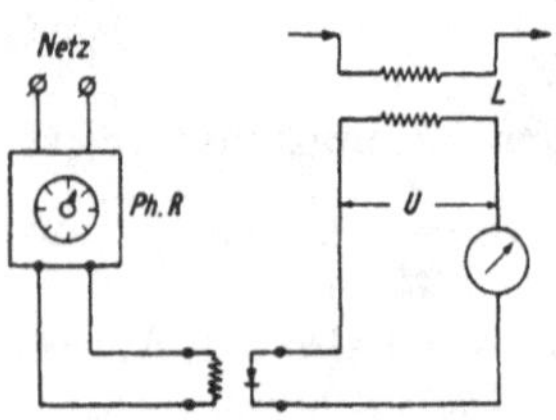

Abb. 76. L-Schaltung zur Bestimmung der Momentanwerte des Stroms

im Mittel einer ganzen Periode eine Spannung
$$U_m = \frac{1}{T} \cdot \int_t^{t+T/2} L \cdot \frac{di}{dt} \cdot dt \tag{97}$$

Für die zum Koordinatennullpunkt symmetrische Hysteresisschleife gilt die Beziehung:

$$B_{+H} = -B_{-H} \tag{98}$$

Man kann sagen, beim Durchlaufen einer Hysteresisschleife findet sich zu jedem Punkt auf dem ansteigenden Ast der Schleife mit den Koordinaten B, H ein entsprechender Punkt auf dem absteigenden Ast mit den Koordinaten B', H', wobei die Absolutwerte von B' und H' den Absolutwerten von B und H gleich, die Vorzeichen aber gegenüber B und H beide geändert sind (Abb. 77).

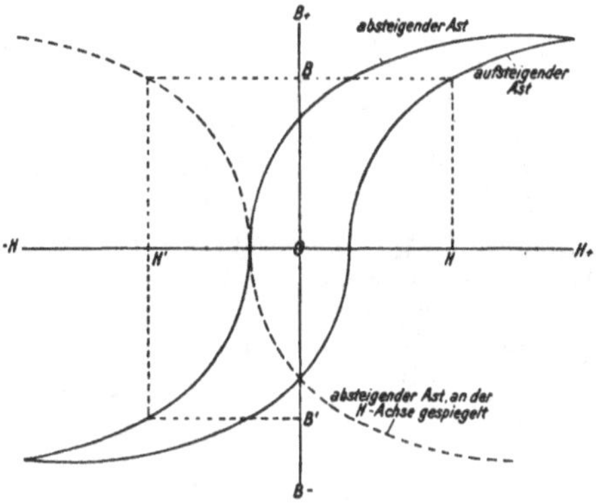

Abb. 77 Zur Symmetrie der Hysteresisschleife $OH = -OH'$; $OB = -OB'$

Infolgedessen sind auch die Momentanwerte der das Feld erzeugenden Ströme i_t und $i_{(t+T/2)}$ entgegengesetzt gleich. Danach folgt

$$U_m = \frac{1}{T} \cdot L \cdot 2 i_t = 2 L \cdot f \cdot i_t \tag{99}$$

Die vom Gleichrichter ausgeschnittene Halbwelle, die den Zeitraum von t bis $t + T/2$ umfaßt, ergibt also eine dem Momentanwert von i proportionale Anzeige.

Solange die Magnetisierungsschleife symmetrisch ist, d. h. solange die Erregerspannung keine Gleichspannungskomponente enthält und keine anderweitige Vormagnetisierung stattfindet, ist $i_{t+T/2} = -i_t$ und $Ui_{t+T/2} = -U_t$. Die Anzeige beim Phasenwinkel φ ist also dem um 90° verschobenen Augenblickswert des Stroms proportional. Damit ergibt sich die Möglichkeit, die zusammengehörigen Augenblickswerte von Feld und Induktion Punkt für Punkt zu messen, d. h. die Wechselstromhysteresisschleife aufzuzeichnen und schließlich aus dem Flächeninhalt den Hystereseverlust zu berechnen. Infolge des geringen Leistungsverbrauchs der Gleichspannungsmesser können diese Messungen praktisch ohne Belastung der Sekundärspannung ausgeführt werden (W. Thal, ATM 1935 V 951–2).

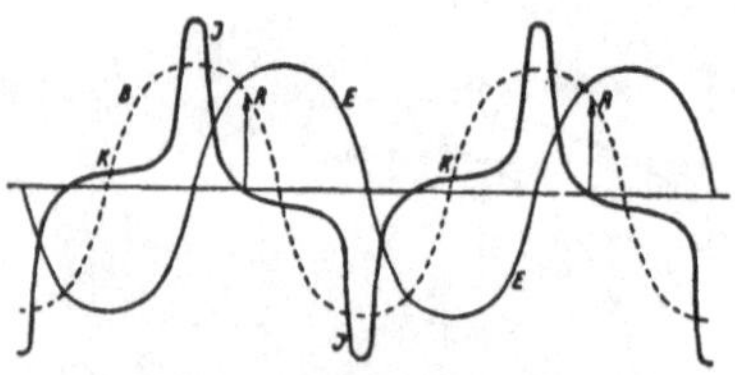

Abb. 78. Phasenlage und Kurvenform von Magnetisierungsstrom (J), induzierter Spannung (E) und magnetischer Induktion (B) R = Remanenz, K = Koerzitivkraft. K ist proportional zu J im Zeitpunkt B = O

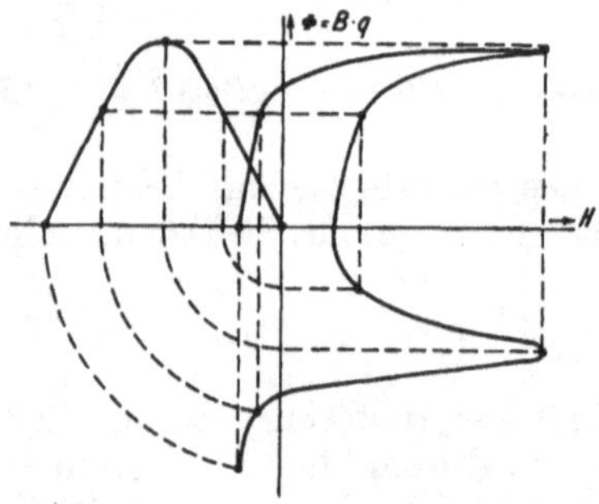

Abb. 79. Konstruktion der Hysteresisschleife aus den Wellenformen von Magnetisierungsstrom und Induktion

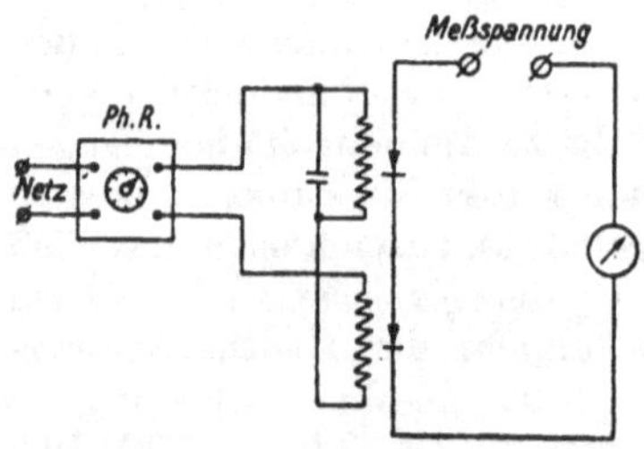

Abb. 80. Kurzkontakt-Schaltung zur Aufnahme der Wellenform;

Trägt man den Magnetisierungsstrom und die Induktion über dem Schaltwinkel auf, so kommt man zu einer eindrucksvollen Darstellung der Phasenlage und der Wellenform von Strom und Induktion (Abb. 78). Das Bild gibt den zeitlichen Verlauf bei sinusförmiger Spannung an. Zur Ergänzung des Bildes ist auch der Verlauf der Speisespannung eingetragen. Abb. 79 zeigt, wie man bei übereinstimmenden Schaltwinkeln aus den Wertepaaren von Induktion und Magnetisierungsstrom bzw. Feld die Hystereseschleife konstruiert.

An dieser Stelle sei noch das sogenannte Kurzkontaktverfahren erwähnt, welches in der Hintereinanderschaltung von zwei Kontakten besteht (Abb. 80). Beide werden mit gleicher Frequenz betrieben, sind jedoch hinsichtlich ihres Phasenwinkels um etwas weniger als 180 elektrische Grade versetzt, so daß der zweite von der Halbwelle, die der erste durchläßt, noch den weitaus größeren Teil abschneidet. Der kleine Winkelbereich, in dem beide Kontakte geschlossen sind, liefert Ströme, die man näherungsweise als Momentanwerte des zu messenden Stromes ansehen kann. Durch Verschiebung des Kontaktphasenwinkels an beiden Kontakten um gleiche Beträge kann man schrittweise sich sämtliche benötigten Momentanwerte zum Aufzeichnen der Wellenform beschaffen. Dies Verfahren ist nicht an die Symmetriebedingung der Hysteresisschleife gebunden und kann daher auch bei Messungen mit überlagertem Gleichfeld benutzt werden.

B. Mit Meßgleichrichtern ausgerüstete Geräte für Induktionsmessungen an ringförmigen Proben

Die Meßgleichrichter mit einstellbarer Phasenlage sind in erster Linie für die technisch übliche Niederfrequenz (50 Hz) entwickelt worden. Bei den im Ferrometer von Siemens & Halske eingebauten Meßgleichrichtern wird zur Betätigung des Phasenschiebers

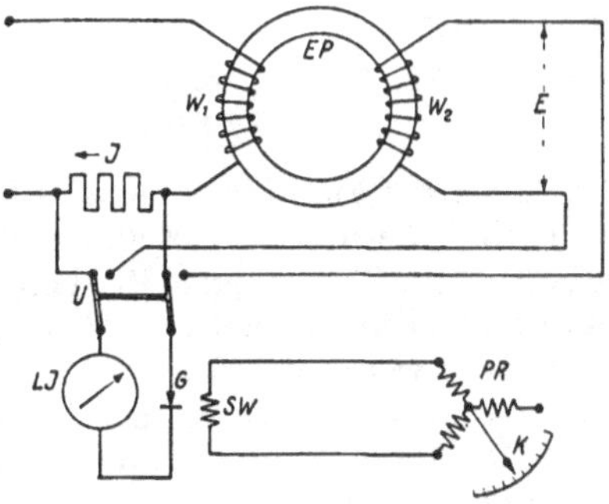

Abb. 81. Grundschaltung der Eisenmessung mit dem Ferrometer

Drehstrom benötigt; als Kontakt dient eine in einem unsymmetrischen, magnetischen Wechselfeld schwingende Blattfeder (Schwingkontaktgleichrichter); vgl. Abb. 73. Eine andere Konstruktion benutzt Einphasen-Wechselstrom für den Phasenschieber und stellt den Kontakt mittels eines Kontakthebels und eines Exzenterstifts her, der von einem Synchronmotor gedreht wird (F. Koppelmann, Elektrotechnik Bd. 2 (1948) S. 11ff.).

Abb. 81 zeigt das Prinzipschaltbild des Ferrometers. Die ringförmige Probe ist mit einer (im Bild links gezeichneten, in Wirklichkeit über den ganzen Ringumfang gleichmäßig verteilten) Primärwicklung und mit einer Sekundärwicklung versehen. Der Primärstrom fließt durch die Wicklung und dann noch durch einen Widerstand zum Umschalter U. Die Sekundärwicklung ist ebenfalls am Umschalter angeschlossen. Der hier vereinfacht

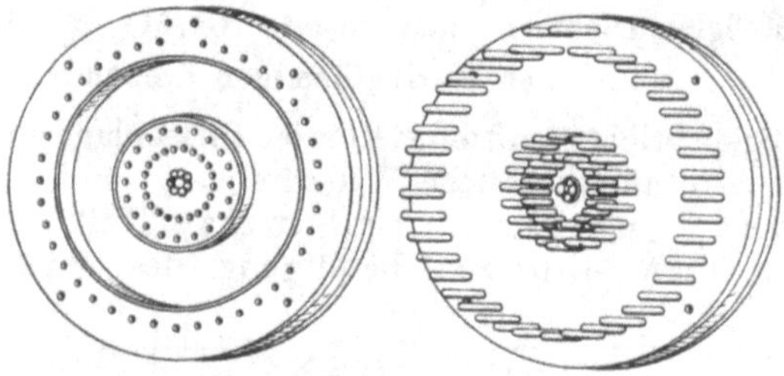

Abb. 82. Ringkäfig für Ringkernproben geöffnet

dargestellte Meßkreis besteht aus einem hochempfindlichen Lichtzeigerinstrument (beim Ferrometer Meßbereich 0,5 Millivolt, $R = 80$ Ohm) und dem vom Phasenregler PR betätigten Schwingkontaktgleichrichter SW. Die Herstellung von Ringproben benötigt einigen Arbeitsaufwand für das Aufbringen der Wicklungen. Für reihenweise Prüfungen kann man durch die in Abb. 82 gezeigten, einem Käfig ähnlichen Steckspulen, viel Arbeitszeit sparen; eine Steckspule von 12 Primärwindungen und 5 Sekundärwindungen und ein Millivoltmeter von ca. 20 Millivolt Meßbereich reichen bei Probenquerschnitten von 1 cm^2 für die meisten Fälle aus.

Die Induktion im Prüfling wird durch die in der Sekundärspule erzeugte Spannung gemessen; die Feldstärke durch den Spannungsabfall des Primärstromes über den oben genannten Widerstand im Primärkreis. Mit Hilfe des Phasenreglers kann man beliebige Phasenwinkel einstellen und die zu gleichen Phasenwinkeln gehörigen Momentanwerte von Strom und Spannung nacheinander

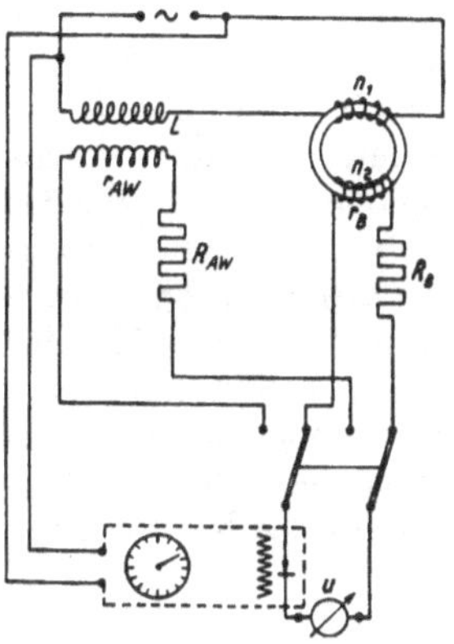

Abb. 83.
Meßanordnung in
L-Schaltung

am Meßinstrument ablesen. Diese werden in Feldstärke und Induktion umgerechnet, wobei auf die Phasenlage zu achten ist. Nach dem Prinzipschaltbild mißt man beispielsweise die induzierte Spannung, welche der Induktion im Werkstoff um 90° nacheilt. Die in Abb. 83 dargestellte Schaltung unterscheidet sich von der in Abb. 81 gezeigten dadurch, daß der Primärstrom statt über einen Widerstand durch eine eisenfreie Gegeninduktivität läuft. Außerdem sind in den beiden Stromkreisen noch bekannte Widerstände eingezeichnet; diese dienen dazu, die Empfindlichkeit des Gleichspannungsmeßgerätes den zu messenden gleichgerichteten Spannungen anzupassen. Die Augenblickswerte der Feldstärke und der Induktion ergeben sich aus folgenden Gleichungen

$$H = \frac{n_1 \cdot (r_o + R_{aw} + r_{aw}) \cdot u_{aw}}{2\pi\, Df \cdot L \cdot r_o} \text{ A/cm} \tag{100}$$

$$B = \frac{(r_o + R_B + r_B)}{2 r_o \cdot f \cdot n_2 \cdot q} \cdot u_B \cdot 10^8 \text{ Gauß} \tag{101}$$

(r_o = innerer Widerstand des Spannungsmessers Ohm; R_{aw} = Vorwiderstand für die Strommessung; r_{aw} = Widerstand der Sekundärseite der eisenfreien Induktivität; R_B = Vorwiderstand für Induktionsmessung; r_B = Widerstand der Induktionswicklung; n_1 = Windungszahl der Primärwicklung, n_2 = Windungszahl der Sekundärwicklung; u_{aw} = Spannungsanzeige des Spannungsmessers in Volt bei H-Messung; u_B = desgl. bei B-Messung; D = mittlerer Durchmesser der Ringprobe cm; q = Probenquerschnitt cm^2; L = Induktivität in Henry; f = Meßfrequenz in Hz).

Bei der zuletzt angegebenen Schaltung ist nicht nur die in der Sekundärspule erzeugte Spannung gegen den magnetischen Fluß um 90° verschoben, sondern auch die in der Sekundärschaltung der Gegeninduktivität L induzierte Spannung ist gegen den Primärstrom um 90° verschoben; infolgedessen können die zusammengehörigen Augenblickswerte von Feld und Induktion in einfachster Weise aus den beim gleichen Phasenwinkel gemessenen Spannungen entnommen werden. Zur Aufzeichnung der Hysteresisschleifen kann man sich, sofern das Feld keine Gleichstromkomponente enthält, mit der Aufnahme der Kurve vom Phasenwinkel Null bis zum Phasenwinkel 180° begnügen, und die fehlende Hälfte gemäß der Symmetriebedingung ergänzen. Zur Bestimmung der Permeabilität sucht man durch Verändern des Phasenwinkels die Maximalwerte von B_{max} und H_{max} und erhält:

$$\mu = \frac{B_{max}}{H_{max}} \text{ in } \frac{\text{Gauß}}{\text{A/cm}}$$

Bei magnetisch sehr weichen Stoffen interessiert oft die Veränderung der Permeabilität mit zunehmender Feldstärke; es ist üblich, den Unterschied der bei 20 Millioersted und bei 100 Millioersted gemessenen Permeabilitäten auf die Permeabilität bei 20 Millioersted zu beziehen. Der „Permeabilitätsanstieg“ abgekürzt δ_{100} wird wie folgt berechnet:

$$\delta_{100} = 12{,}5 \cdot \frac{\mu_{100} - \mu_{20}}{\mu_{20}} \,\%\ \text{pro mOe} \tag{102}$$

Die „Instabilität“ bezeichnet die prozentuale Änderung der Anfangspermeabilität, die nach dem vorübergehenden Anlegen eines starken Gleichstromfeldes beobachtet wird. Man definiert:

$$\text{Instabilität} = s = \frac{\mu_{rem'} - \mu_a}{\mu_a} \cdot 100\,\%. \tag{103}$$

Auf die Versendung des Ferrometers und ähnlicher Einrichtungen mit phasengesteuertem Meßgleichrichter (z. B. AEG-Vektormesser) kommen wir bei den Verlustmessungen wieder zurück.

C. Anwendung des Meßgleichrichters auf die Induktionsmessung von Blechstreifen im Wechselfeld

Die Transformatoren und Wandler sind zwar in ihrer überwiegenden Mehrzahl geschlossene Eisenkreise und man bemüht sich, ihre Streuung möglichst klein zu halten. Der Eisenwerkstoff, aus dem Transformatoren gebaut werden, wird dagegen bisher meist in Form von Blechtafeln hergestellt und liegt dann für die Materialprüfung als Tafel oder als Blechstreifen vor. Da das Ausstanzen von Ringen aus einer Blechtafel notwendig einen großen Materialverlust durch Verschnitt mit sich bringt, verlangt die Technik auch für magnetisch weiche Werkstoffe Prüfungen, die an Blechstreifen ausgeführt werden können. Von der Entmagnetisierung und der Entmagnetisierungsfaktor der Körper, deren Eisenweg nicht geschlossen ist, war bereits in früheren Abschnitten die Rede. Nun kann man, um die mit der Scherung verbundene Rechenarbeit zu vermeiden, das wahre Feld, in dem sich der Prüfling befindet, unmittelbar an der Oberfläche des Eisens messen. Bei Gleichfeldern kann man hierfür entweder eine sehr flache Induktionsspule verwenden, die dicht anliegt und mit dem ballistischen Galvanometer verbunden wird, oder man benutzt nach Hermann eine winzige, von einem Hilfsstrom gespeiste Drehspule, durch deren Auslenkung die tangentiale Feldstärke bestimmt wird. Diese Messung der tangentialen Feldstärke kann auch bei Wechselfeldern ausgeführt werden. Nach Koppelmann (Z. Elektrotechnik **1** (1948) S. 13) setzt man eine flache Feldmeßspule W′ mit der Windungsfläche senkrecht zum Fluß zwischen zwei parallele Blechstreifen, so daß die Spule sich im gleichen Feld befindet wie die Streifen auch (Abb. 84). Um die Magnetisierung der Blechstreifen über ihre ganze Länge möglichst gleichmäßig zu halten, wird ihr Eisenweg durch ein Joch aus weichstem Eisen

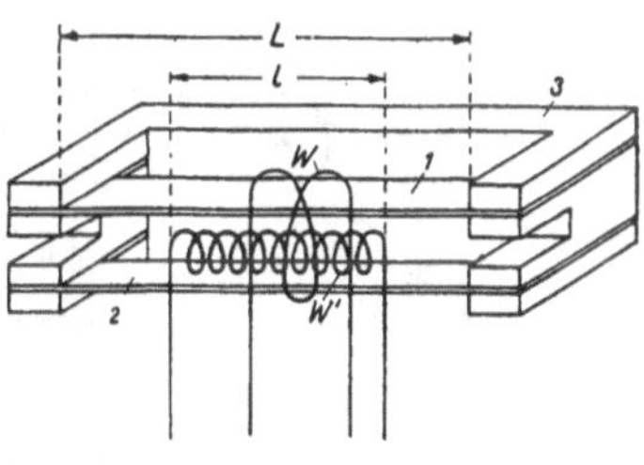

Abb. 84. Blechstreifenprüfgerät nach Koppelmann; W = Induktionsspule; W′ = Feldmeßspule

mit relativ großem Querschnitt geschlossen. Die Blechstreifen sind mit einer Induktionswicklung W versehen und die hierin erzeugte Wechselspannung wird über einen Meßgleichrichter mit Phasenschieber einem Gleichspannungsmesser zugeführt. Die in der Feldmeßspule induzierte Spannung wird auf dieselbe Art gemessen. Zur Erzeugung des Feldes dient eine (in Abb. 84 nicht gezeichnete) Wicklung, die sich über die ganze Länge der Streifen, aber nicht über das Joch erstreckt. Das Verfahren ist also dem bei der Prüfung von Rundproben benutzten sehr ähnlich; über Verlustmessungen nach diesem Verfahren vgl. Abschnitt XI,A.

D. Permeabilitätsvergleich mit leistungslosen Spannungsmessern

Die in den vorigen Abschnitten besprochenen Meßgleichrichteranordnungen verbrauchen im Vergleich zu üblichen Wechselspannungsmessern nur noch eine recht kleine Leistung. Man kann dem Ziel der leistungslosen Spannungsmessung noch einen Schritt näher kommen, indem man die zu messende Induktionsspannung einem Röhrenverstärker zuführt, dessen Verbrauch im Eingang praktisch gleich Null zu setzen ist. Der für die Messung der Permeabilität von Übertragerblechen bestimmte Permeabilitätsmesser von K. Sixtus (Abb. 85) enthält im Primärkreis eine eisenfreie Induktivität L, die mit dem Prüfling in Reihe geschaltet ist. Mittels einer Steckspulenanordnung werden Primärwicklung

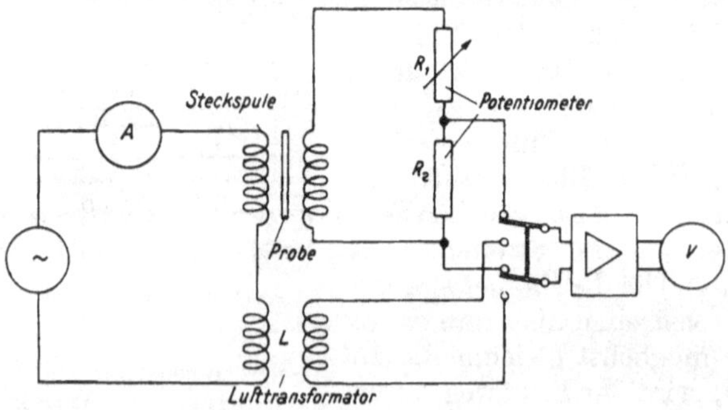

Abb. 85. Grundschaltbild des Permeabilitätsmessers nach K. Sixtus

und Sekundärwicklung für die Bleche in kürzester Zeit hergerichtet. Die Sekundärspannung wird einem zweiteiligen, hochohmigen Potentiometer zugeführt. Der eine Teil des Potentiometers enthält den veränderlichen Widerstand R_1 ; der zweite Teil mit dem festen Widerstandsbetrag R_2 kann über den Umschalter mit dem Verstärker verbunden werden. Über denselben Umschalter wird auch die Sekundärspannung der eisenfreien Induktivität herangeführt. Zuerst mißt man die von der eisenfreien Spule erzeugte Spannung U_1 ; dann legt man mittels des Umschalters den festen Potentiometerteil an den Verstärker und verändert den anderen Potentiometerteil solange, bis die angezeigte Spannung der der eisenfreien Spule gleich ist. Da beide Induktivitäten vom gleichen Strom i durchflossen werden, so ergibt sich die gesuchte Permeabilität aus folgenden Gleichungen:

a) $U = \omega \cdot L \cdot i$ mit L in Henry

b) $$U = \frac{n^2 \cdot q \cdot \mu \cdot i \cdot \mu_0 \cdot \omega}{l} \cdot \frac{R_2}{R_1 + R_2}$$

c) $$\mu \cdot \mu_0 = \frac{L \cdot l}{n^2 \cdot q \cdot 10^{-8}} \cdot \frac{R_1 + R_2}{R_2} \frac{\text{Vs}}{\text{A} \cdot \text{cm}} \quad (104)$$

Bei Serienmessungen richtet man das den Eisenquerschnitt und den Eisenweg l bestimmende Probenvolumen so ein, daß die konstanten Faktoren der Gleichung (c) eine möglichst einfache Zahl ergeben, die nur noch mit der Meßgröße $(R_1 + R_2)$ multipliziert zu werden braucht. Der Primärstrom bzw. die Feldstärke kann bei gegebener Meßspannung durch Festwiderstände und Wählerschalter stufenweise auf 2, 10, 20, 50 und 100 Millioersted eingestellt werden. Das Verfahren kann bei Frequenzen von 50 bis 1000 Hz benutzt werden; die Arbeitsgeschwindigkeit ist sehr groß. Eine genaue Bestimmung des Verstärkungsfaktors ist bei dieser Vergleichsmessung nicht erforderlich.

Der leistungslos arbeitende Röhrenverstärker als Spannungsmesser wird auch bei dem A_L-Meßplatz von A. Bidlingmaier (Siemens-Zeitschrift Bd. 23 (1943) S. 53/59) benutzt, welcher zur

Bestimmung der Permeabilität von Übertragerkernen bestimmt ist. Bidlingmaier benutzt einen sinusförmigen Strom. Die Oberwellen der induzierten Spannung werden im Verstärker durch eine Siebschaltung unterdrückt und die Grundwelle etwa 2000fach verstärkt.

E. Induktion und Permeabilitätsmessungen im Wechselfeld mit integrierenden Verstärkern

Bei der Induktionsmessung mittels eines phasengesteuerten Gleichrichters wird B durch Integration der induzierten Spannung dB/dt über die Zeit erhalten. In ähnlicher Weise kann man mittels eines integrierenden Röhrenverstärkers aus dB/dt B erhalten und dies mittels eines Kathodenstrahloszilligraphen als Funktion des Feldes aufzeichnen. F. Förster (Z. Metallkunde 32 (1940) S. 184/90) baute nach diesem Prinzip den Ferrographen zur raschen Aufzeichnung der Magnetisierungschleifen von Drähten zwischen 0,5 und 3 mm Dmr. oder von Blechstreifen bis zu 30 mm Breite und bis zu 1 mm Stärke. Die Magnetisierung erfolgt mit einer Frequenz von 50 Hz bei sinusförmigem Strom; eine Induktionsspule nimmt den Prüfling auf, eine zweite von gleicher Windungsfläche dient zur Kompensation der Luftlinien. Strom und integrierte Induktionsspannung werden von zwei nahezu gleichen Verstärkern auf höhere Spannung gebracht und den beiden Plattenpaaren einer Braun'schen Röhre zugeführt, auf deren Leuchtschirm die Hysteresisschleife erscheint. Da es schwierig ist kleine Phasenverschiebungen völlig auszuschließen, sind die Angaben des Ferrographen nicht sehr genau; das Gerät ist jedoch sehr empfindlich und zeigt kleine Änderungen der Schleife deutlich an. Beschickt man die zur Kompensation dienende Induktionsspule mit einem Prüfling gleicher Abmessung, so kann die Differenz zweier Magnetisierungschleifen mit überraschender Empfindlichkeit aufgezeichnet werden, was für Texturvergleiche, Wärmebehandlungskontrollen und für die zerstörungsfreie Werkstoffprüfung von Bedeutung ist. Der aussteuerbare Feldstärkenbereich erstreckt sich von 0,001 bis zu 2000 Oersted (Abb. 86).

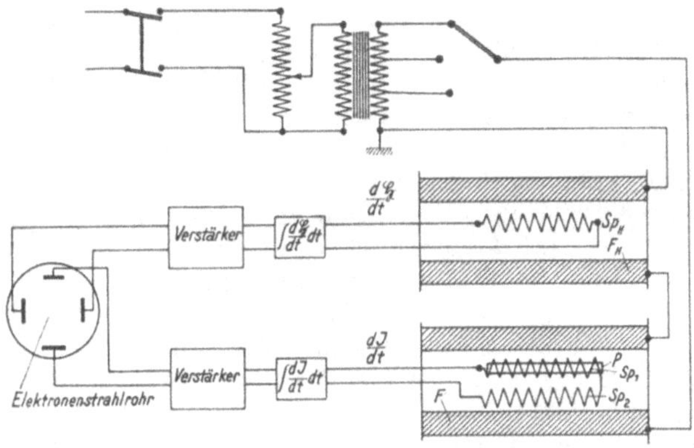

Abb. 86. Grundschaltbild des Ferrographen von F. Förster

F. Permeabilitätsmessungen im Wechselfeld mit der Brücke

Der Frequenzbereich, in dem man mit Meßgleichrichtern arbeiten kann, ist nach oben etwa durch die Frequenz 100 Hz begrenzt. Für Messungen im Tonfrequenz- und Hochfrequenzbereich dienen Brückenverfahren, die den induktiven Widerstand einer Spule mit Eisenkern zu bestimmen gestatten. Für einen ringförmigen Eisenkern, dessen Breite und Höhe klein im Verhältnis zum Ringdurchmesser ist, läßt sich die Induktivität L einer ihn eng umschließenden Spule mit n Windungen gemäß Formel berechnen:

$$L = \frac{n^2 \cdot q \cdot \mu \cdot \mu_0}{\pi d} \text{ Henry} \qquad (105)$$

(μ = reversible Permeabilität, μ_0 = Induktionskonstante, q = Probenquerschnitt, d = mittlerer Ringdurchmesser). Zur Be-

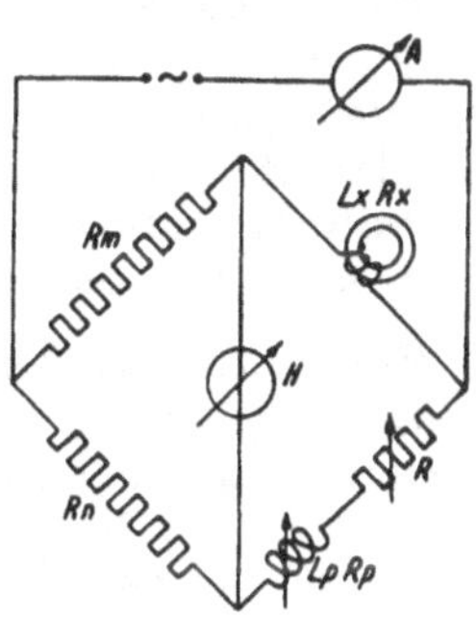

Abb. 87. Maxwellbrücke zur Bestimmung der Permeabilität und der Eisenverluste

stimmung von L kann die Maxwellbrücke benutzt werden, welche in Abb. 87 dargestellt ist. R_M und R_N sind zwei induktionsfreie Widerstände. L_X R_X ist die unbekannte Induktivität mit dem Widerstand R_X. Letzterer setzt sich aus einem Verlustanteil $R_X - r$ und dem Ohmschen Widerstand der Wicklung r zusammen. R ist ein veränderlicher induktionsfreier Widerstand und L_p R_p eine veränderliche Selbstinduktion vom Widerstande R_p. Zuerst wird die Brücke mit Gleichstrom nach bekannten Verfahren durch Verändern von R ins Gleichgewicht gebracht. Dann wird auf Wechselspannung umgeschaltet und nunmehr durch Änderung von L_p die Brücke aufs neue abgeglichen, bis die Spannungsanzeige im Mittelweg auf Null oder ein Minimum zurückgeht. Als Nullinstrument G dient bei Niederfrequenz ein Vibrationsgalvanometer und bei Tonfrequenz ein Telefon. Bei abgeglichener Brücke entspricht einerseits das Verhältnis der Wirkwiderstände der bekannten Brückenbedingung:

$$\frac{R_M}{R_N} = \frac{R_X}{R_p + R} \tag{106}$$

Andererseits zeigt der vollzogene Brückenabgleich an, daß die beiden Widerstände R_M und R_N im Verhältnis der Induktivitäten stehen.

$$\frac{R_M}{R_N} = \frac{L_X}{L_p} \tag{107}$$

Das Verfahren verlangt eine sinusförmige Spannung und einen sinusförmigen Strom. Diese Bedingungen kann, da die Mehrzahl der ferromagnetischen Stoffe eine starke Abhängigkeit der Permeabilität vom Felde aufweist, nur bei kleinen Feldern bzw. kleinen Induktionen annähernd erfüllt werden. Über Verlustmessungen mit der Wechselstrombrücke vgl. Abschnitt XI. F.

Ein anderes Verfahren zur Bestimmung der Induktivität und damit auch der Permeabilität, welches besonders bei Hochfrequenz benutzt wird, benutzt die bekannte Beziehung zwischen Induktivität, Kapazität und Schwingungsdauer eines elektrischen Schwingungskreises:

$$\tau = 2\pi \cdot \sqrt{L \cdot C}$$

Die zu prüfende Induktivität wird mit einer meßbar veränderlichen Kapazität zu einem Schwingungskreis zusammengeschaltet, dem eine Spannung von bekannter Frequenz zugeführt wird. Durch planmäßige Änderung der Kapazität wird die Resonanz aufgesucht und dann gemäß obiger Gleichung die Induktivität errechnet. (Zinke, Hochfrequenzmeßtechnik.)

XI. Verlustmessungen

Bei der periodischen Magnetisierung eines ferromagnetischen Werkstoffes treten Energieverluste auf, d. h. die zur Erzeugung des magnetischen Feldes aufgewandte elektrische Energie wird beim Abschalten oder Umpolen des Feldes nur zum Teil wiedergewonnen. Ein Teil der Energie wird in den das Feld erzeugenden Spulen infolge des elektrischen Widerstandes in Joule'sche Wärme umgesetzt; diesen Anteil nennt man Kupferverlust. Dieser Verlust ist dem Produkt $i_{eff}^2 \cdot R$ gleich, wobei i_{eff} den Effektivwert des Stroms und R den Leitungswiderstand bedeutet. Sein Anteil am Gesamtverlust ist meist gering. Der weitaus größere Teil des Energieverlustes tritt im Eisen auf; d. h. dort wird ein Teil der Feldenergie in Wärme verwandelt.

Der Eisenverlust enthält drei Anteile, nämlich den Hystereseverlust, den Wirbelstromverlust und den Nachwirkungsverlust. Wir besprechen in den nächsten Abschnitten zuerst die Bestimmung des Hystereseverlustes aus der Schleife und die Bestimmung der Gesamtverluste. Wir kommen dann auf die Trennung der Verlustanteile noch zu sprechen.

A. Verlustbestimmung aus der Fläche der Hysteresisschleife

Der Hystereseverlust richtet sich nach der maximalen Induktion die bei der Wechselmagnetisierung erreicht wird. Im Abschnitt Magnetisierungskurve Abb. 12 S. 25 wurde gezeigt, daß mit zunehmender Aussteuerung der Flächeninhalt der Schleife zunimmt. Bei Angabe der Verlustziffern muß gleichzeitig die Höhe der maximalen Induktion genannt werden. Der Flächeninhalt der Hysteresisschleife F wird in Gauß · A/cm ausgedrückt. Da 1 Gauß = 1 Vs/cm²· 10⁻⁸ ist, ergibt sich der Flächeninhalt F in $\frac{\text{Vs}}{\text{cm}^2} \cdot \frac{\text{A}}{\text{cm}}$ oder in $\frac{\text{Wattsec}}{\text{cm}^3}$.

Der Energieverlust E pro Volumeneinheit (1 cm³) in einer Periode beträgt demnach

$$E = \oint BdH \cdot 10^{-8} \text{ Wattsec/cm}^3. \tag{108}$$

Im cgs-System wird B in Gauß und H in Oersted gerechnet. Dort gilt:

$$E = \oint \frac{BdH}{4\pi} \text{ erg/cm}^3 \tag{109}$$

Bei periodischem Durchlaufen der Schleife vervielfacht sich der Verlust je Zeiteinheit entsprechend der Frequenz. Es ist üblich, den Verlust als Leistung für eine bestimmte Frequenz (gewöhnlich 50 Hz) anzugeben und auf die Gewichtseinheit des ferromagnetischen Stoffes (üblich 1 kg) zu beziehen. Diese Größe ergibt den Hystereseanteil V_h der Verlustziffer.

$$V_h = \oint BdH \cdot 10^{-8} \cdot \frac{1000 \cdot f}{\varrho} \text{ Watt/kg}$$

$$= \oint BdH \cdot 10^{-5} \cdot \frac{f}{\varrho} \text{ Watt/kg} \tag{110}$$

ϱ = spezif. Gewicht.

Die Verfahren zur Bestimmung der Hysteresisschleife sind in früheren Abschnitten insbesondere bei den ballistischen Messungen und bei den Induktionsmessungen im Wechselfeld mittels Meßgleichrichter ausführlich besprochen worden. Der Flächeninhalt der Hysteresisschleife kann mit Hilfe des Planimeters oder rechnerisch aus der Beziehung $F = 2\, B_{\max} \cdot \Delta H_m$ (111) gefunden werden. ΔH_m bedeutet die mittlere Breite der Hysteresisschleife und kann nach der Simpson'schen Regel gefunden werden.

Man teilt die aufgezeichnete halbe Hystereseschleife durch Parallelen zur Feldachse in eine gerade Anzahl von k Abschnitten, die

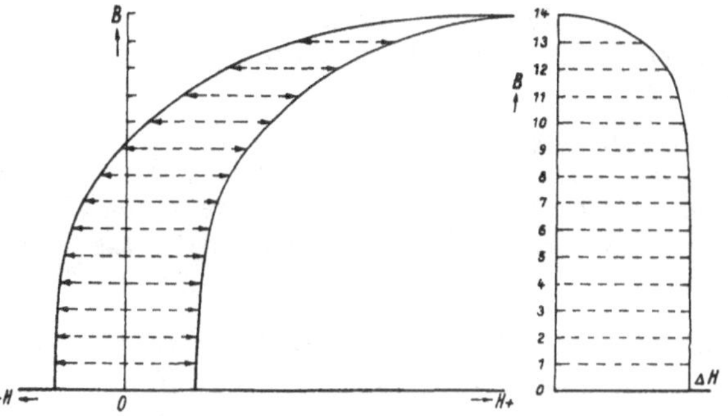

Abb. 88. Zur Bestimmung des Verlusts; links Hysteresisschleife halbiert, rechts Breite der Hysteresisschleife in Abhängigkeit von der Induktion

alle die gleiche Höhe $\frac{B_{max}}{k}$ aufweisen, und liest aus dem Bilde die zugehörigen Breiten ΔH_0, ΔH_1, ΔH_2 der Schleife ab (Abb. 88). Der Flächeninhalt der ganzen Hysteresisschleife ergibt sich aus Gl. (104):

$$\oint B dH = \frac{2}{3} \cdot \frac{B_{max}}{k} \cdot [\Delta H_0 + 4\Delta H_1 + 2\Delta H_2 + 4\Delta H_3 + 2\Delta H_4 + 4\Delta H_5 + \ldots\ldots + \Delta H_k] \quad (112)$$

Bei sinusförmiger Spannung und sinusförmigem Strom kommt man auch mit etwas geringerem Verbrauch an Arbeitszeit zur Verlustleistung, indem man z. B. mittels des Ferrometers H_{max}, B_{max} und den Phasenwinkel φ zwischen H_{max} und B_{max} bestimmt; der Flächeninhalt der Hysteresisschleife ist dann gleich $B_{max} \cdot H_{max} \cdot \sin \varphi$. (G. Grobe E. T. Z. 1934 S. 559/560). Bei diesem Verfahren wird jedoch eine hohe Genauigkeit in der Bestimmung des Phasenwinkels verlangt. Vom Standpunkt des Elektrikers aus ist die Bestimmung der Verlustleistung $N_m = I_{max} \cdot U_{max} \sin \delta$ oder $N_m = I_{max} \cdot U_{max} \cos \beta$, wobei δ den Verlustwinkel und β den Phasenwinkel zwischen Strom und Spannung bezeichnen, gleichbedeutend; die Verlustleistung ist so fern man von Wirbelstromverlusten und Nachwirkungsverlust absehen kann, dem Flächeninhalt der Hysteresisschleife proportional.

Bei niedrigen Frequenzen ($f \leqq 50$ Hz) überwiegt der Anteil der Hysterese am Gesamtverlust; man begeht daher bei Vergleichsmessungen keinen allzu großen Fehler, wenn man die Gesamtverluste den Hystereseverlusten proportional setzt.

B. Bestimmung der Gesamtverluste bei Wechselmagnetisierung mit dem Wattmeter; Epsteingerät

In der Elektrotechnik wird zur Beurteilung von Dynamoblechen und Transformatorenblechen eine Bestimmung der Gesamtverluste verlangt. Es ist also anzugeben, welche Wirkleistung von einer eisenhaltigen Induktivität bei gegebener Frequenz und gegebener Maximalinduktion im Leerlauf verbraucht wird. Die auf eine Materialmenge von 1 kg bezogene Verlustleistung bei einer Maximalinduktion von 10000 Gauß und einer Frequenz von 50 Hz bei sinusförmiger Spannung heißt in abgekürzter Schreibweise V_{10}; für $B_{\max}$ 15000 schreibt man V_{15} und spricht von diesen Größen als den Verlustziffern. Zur Anzeige der Wirkleistung kann ein Wattmeter benutzt werden, dessen Stromspule vom Magnetisierungsstrom und dessen Spannungsspule von der Sekundärspule der Induktivität gespeist werden. Beträgt die Zahl der primären Windungen N_1 und die der sekundären N_2, so ist die Angabe des Wattmeters mit dem Faktor N_1/N_2 zu multiplizieren. Wir besprechen die Einzelheiten dieses Meßverfahrens an den speziell für die Prüfung von Blechstreifenbündeln entwickelten Gerät von Epstein.

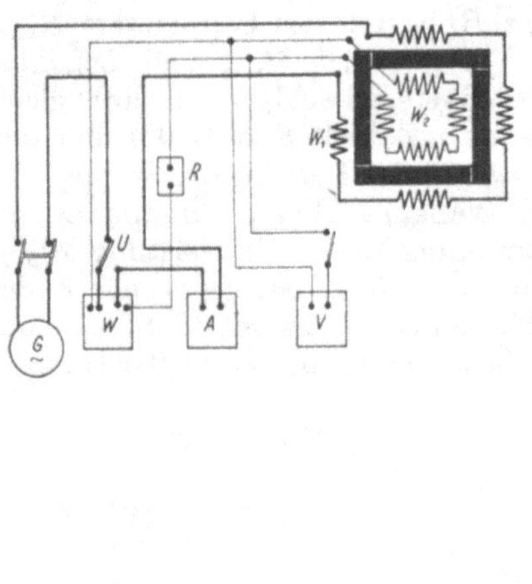

Abb. 89. Äußere Schaltung des Epstein-Apparats zur Bestimmung der Verlustziffer

Bei diesem Gerät wird der magnetische Kreis aus vier gleichen Blechstreifenbündeln von je 50 cm Länge und 3 cm Breite gebildet; das Gesamtgewicht der Probe ist auf 10 kg genormt. Die Blechstreifenbündel werden in vier im Viereck festmontierten Spulen magnetisiert. Jede der vier Spulen enthält außerdem noch eine Sekundärspule (Abb. 89). Die Streifenbündel berühren sich an den Ecken und werden, um die Stoßfugen möglichst kurz zu halten, aneinander geklemmt. Die Spannung an den Sekundärspulen wird gemäß der Gleichung (86) berechnet:

$$U_{\text{eff}} = n_2 \cdot q \cdot B \cdot f \cdot \frac{2\pi}{\sqrt{2}} \cdot 10^{-8}\ \text{Volt}.$$

Statt des Faktors $\frac{2\pi}{\sqrt{2}}$ schreibt man häufig auch $4 \cdot 1{,}111$, wobei 1,111 den Formfaktor, nämlich das Verhältnis des Effektivwerts zum arithmetischen Mittelwert einer sinusförmigen Spannung bedeutet. Bei einer angestrebten Induktion von 10000 wird der Formfaktor mit 1,111 eingesetzt; bei 15000 Gauß setzt man wegen der bei höheren Induktionen eintretenden Verzerrung der Wellenform den Formfaktor mit 1,14 ein. Die Spannung wird auf den vorher berechneten Wert eingestellt, das Voltmeter abgeschaltet und dann die Verlustleistung S am Wattmeter abgelesen. Der Eigenverbrauch des Wattmeters mit $\frac{E^2}{R_w}$ ist von der abgegebenen Leistung abzuziehen. Die Differenz ist schließlich durch das Probengewicht (10 kg zu teilen) und ergibt die Verlustziffer

$$V = \frac{S - \frac{E^2}{R}}{10}\ \text{Watt/kg} \tag{113}$$

In den Vereinigten Staaten von Amerika wird neuerdings der Epsteinapparat auch in einer kleineren Form hergestellt, bei der die Blechstreifen nur etwa halb so lang sind und sich gegenseitig überlappen. Die Einbuße an magnetischer Spannung, die mit den Stoßstellen notwendigerweise verbunden ist, wird dadurch etwas gemildert. Der Fehler des Epstein-Verfahrens, der durch die ungleiche Verteilung der Feldstärke über die Probenlänge bedingt ist, kann grundsätzlich nicht vermieden werden. Da das Epsteingerät in erster Linie für serienmäßige Vergleichsmessungen benötigt wird, hat man diesen Mangel in Kauf genommen.

Man hat außerdem dem Epsteingerät noch eine zweite Aufgabe zugewiesen, nämlich die Messung der Magnetisierung bei mittleren und höheren Feldstärken durch ein mit Gleichstrom arbeitendes Kommutierungsverfahren; die Umstellung des Gerätes für diesen Zweck ist sehr einfach. Die Wechselstromquelle wird durch Gleichstrom ersetzt. Das Wattmeter fällt fort oder es wird abgeschaltet. An die Stelle des Spannungsmessers im Sekundärkreis tritt ein ballistisches Galvanometer. Die Feldmessung kann entweder konventionell behandelt, d. h. durch eine Strommessung ersetzt werden oder man bringt im Innern der Magnetisierungsspule flache Induktionsspulen an, die die tangentialen Feldstärken messen.

Die bequeme Ausführung der Epsteinprüfung hat Veranlassung gegeben, dies Verfahren zu einem Differenzverfahren auszubauen. Man gewinnt dabei den Vorteil, daß ein Teil der Fehler bei der Differenzbildung gemildert wird oder sogar verschwindet. Die Sicherheit des Verfahrens ist damit an die Zuverlässigkeit der Eichwerte der Vergleichsprobe geknüpft. Die von van Lonkhuizen angegebene und von der Firma Siemens & Halske ausgebaute Anordnung enthält zwei vollständige Spulenrahmen wie der einfache Epsteinapparat (Abb. 90). Bei der Verlustmessung werden die beiden Magnetisierungswicklungen von der gleichen Stromquelle gespeist und parallel geschaltet. Jeder Teilstrom durchläuft eine Stromspule eines Differentialwattmeters. Die Sekundärspannungen werden von den Spannungswicklungen über

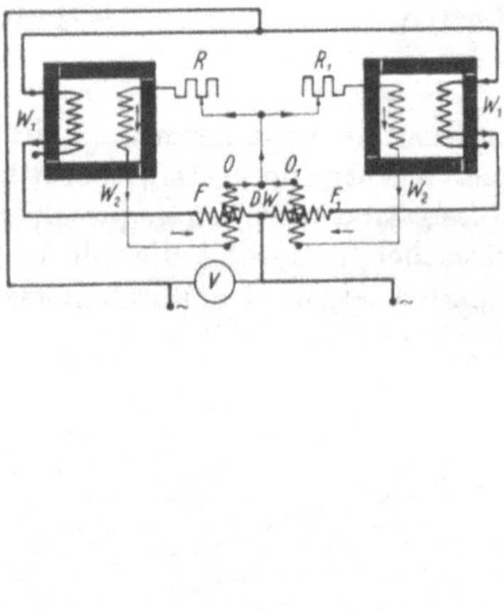

Abb. 90. Bestimmung der Verlustziffer des Eisens im Differenzverfahren

veränderliche Widerstände R und R' zu den Spannungsspulen O und O_1 des Differentialwattmeters DW geführt. Die Widerstände R und R' sind so groß bemessen, daß die Widerstände der Sekundärspule und des Wattmeters ihnen gegenüber vernachlässigt werden können. Die Drehmomente in den beiden Meßwerken des Differentialwattmeters sind dann den Verlustziffern direkt und den Widerständen umgekehrt proportional. Man stellt den Vorwiderstand R' im Sekundärkreis der Vergleichsprobe auf einen festen Betrag ein, der zweckmäßig gleich dem 10000fachen der Verlustziffer der Vergleichsprobe ist und ändert den anderen Vorwiderstand so lange, bis die Drehmomente der beiden Meßwerke gleich sind und der Zeiger des Differentialwattmeters in die Nullstellung zurückkehrt. Die gesuchte Verlustziffer ist dann

$$V = V' \cdot \frac{R}{R'} \tag{114}$$

Wenn V' und R' in dem einfachen Zahlenverhältnis 1 : 10000 stehen, ist die gesuchte Verlustziffer einfach $\frac{1}{10000}$ des Widerstandes R.

Das Vergleichsverfahren bietet eine Reihe von Annehmlichkeiten, die die zahlreichen möglichen Meßfehler verkleinern. Frequenzschwankungen und Spannungsschwankungen treffen beide Proben in gleicher Weise. Erwärmung des Werkstückes führt zur Erhöhung des spezifischen Widerstandes und damit zur Verminderung der Wirbelströme bzw. des Anteils der Wirbelströme am Gesamtverlust. Auch dieser Fehler wird durch die Vergleichsmessung gemildert. Eine Abweichung des Formfaktors der angelieferten Spannung wirkt sich weniger aus. Alle diese Vorteile sind aber an die Bedingung geknüpft, daß nur gleichartige Werkstoffe verglichen werden und daß die Verlustziffern des Prüflings von der der Vergleichsprobe nicht allzu weit abweicht. Allein die Unterschiede im spezifischen Gewicht des unlegierten Werkstoffes (7,8 bei unlegiertem Dynamoblech und 7,55 beim hochlegierten Trafoblech mit ca. 4 % Si) bringen schon erhebliche Unterschiede im Querschnitt und damit im magnetischen Fluß. Man wird für Werkstoffe, deren Verlustziffern etwa 3,5 oder 2,0 oder 1,0 Watt/kg betragen, zweckmäßig drei entsprechende Normalproben bereithalten. Die Prüfung der Normalproben kann von der Physikalisch-Technischen Bundesanstalt in Braunschweig oder vom Deutschen Amt für Maß und Gewichte in Berlin vorgenommen werden.

Auch für die Induktionsmessung im Epstein-Apparat ist ein Differenzverfahren im Gebrauch; die Schaltung ist der bei der Verlustmessung gebrauchten sehr ähnlich (Abb. 91). Man braucht wieder zwei Spulenrahmen, die mit der Vergleichsprobe und den Streifenpaketen des Prüflings besetzt werden. Die Magnetisierungsspulen sind in Reihe geschaltet. Die beiden Sekundärwicklungen werden über große veränderliche induktionsfreie Vorwiderstände R und R′ einander entgegengeschaltet, so daß das ballistische Galvanometer die Differenz zweier Stromstöße mißt, von denen jeder der Induktion im Prüfling proportional und dem Vorwiderstand umgekehrt proportional ist. Die Widerstände werden so lange verändert, bis das ballistische Galvanometer beim Kommutieren in Ruhe bleibt. Die gesuchte Induktion wird aus der Induktion der Normalprobe und dem Verhältnis der Widerstände berechnet:

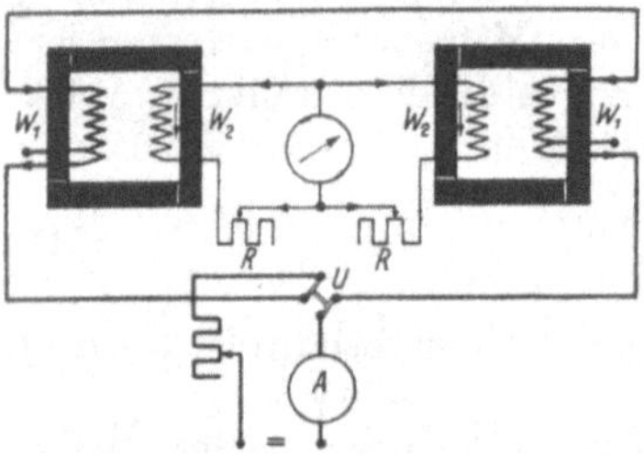

Abb. 91. Bestimmung der Magnetisierbarkeit des Eisens im Differenzverfahren

$$B = B' \cdot \frac{R}{R'}. \tag{115}$$

Als Anzeigegerät wird meist ein Zeigergalvanometer benutzt. Bei der Herstellung der Proben für die Verlustmessung wird in der Norm (DIN 46400; ferner DIN 50461 in Vorbereitung) vorgeschrieben, die Hälfte der Proben parallel zur Walzrichtung aus der Blechtafel zu schneiden und die andere Hälfte senkrecht zur Walzrichtung. Die Streifen sind abwechselnd zu schichten. Da eine

Kaltverformung die Permeabilität ändert und den Verlust erhöht, ist jede unnötige Kaltverformung beim Zuschneiden der Blechstreifen zu vermeiden. Man achte also auf scharfe Schneidwerkzeuge und verwende nur Scheren mit zuverlässiger Parallelführung der schneidenden Kanten.

C. Verlustmessung nach dem Wattmeterprinzip an kleinen Proben

Bei dem Epsteinverfahren ist das Probengewicht mit 10 kg recht groß. Man hat diese Größe gewählt, weil die Probe einen Mittelwert der magnetischen Eigenschaften über eine große Gewichtsmenge geben soll. Daneben besteht ein Bedürfnis für die Prüfung einzelner Blechtafeln und bei Entwicklungsversuchen für wenige oder sogar einzelne Blechstreifen. Prinzipiell eignet sich hierfür das wattmetrische Prinzip ebenso wie für die Verlustmessung an großen Proben. Praktisch wird die Aufgabe aber durch die geringe Empfindlichkeit der Wattmeter erschwert, einmal weil die kleinen Querschnitte nur kleine Sekundärspannungen geben, zweitens weil der Eigenverbrauch des Wattmeters gegen die Verlustleistung nur klein sein darf. Man hat sich dadurch geholfen, daß man zwischen der Sekundärspule S und der Spannungsspule des Wattmeters W einen Verstärker eingebaut hat; natürlich darf die Phasenlage der Ausgangsspannung des Verstärkers nicht gegen die Sekundärspannung am Prüfling verschoben werden. (Abb. 92) zeigt ein Prinzipschaltbild dieser Anordnung nach K. H. Stewart (J. Sci. Inst. 24 (1947) S. 159/62.)

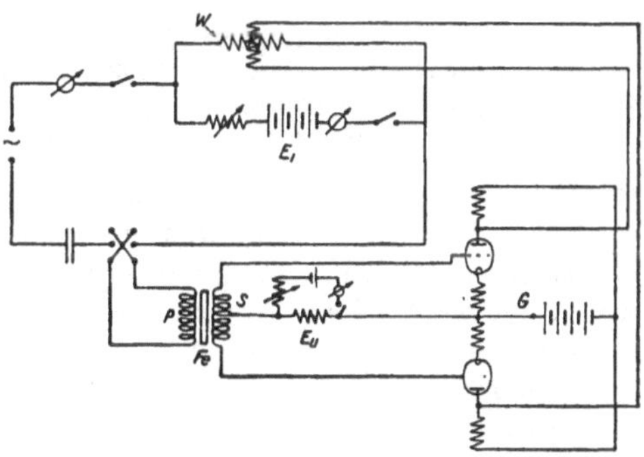

Abb. 92. Wattmetrische Verlustmessung nach K. H. Stewart mit Verstärkung der Induktionsspannung

Die Induktionsspule über den Prüfling ist in der Mitte angezapft; der in dem vereinfachten Bilde dargestellte Verstärker G arbeitet in Gegentaktschaltung. Die in Abb. 91 sichtbaren zwei Gleichstromkreise ermöglichen eine Eichung des Wattmeters W mit Gleichstrom. Die Konstanz des Verstärkerfaktors ist also bequem nachzuprüfen. Mit dieser Anordnung sind Verlustziffern an sehr kleinen Proben bis herab zu 15 · 1 · 0,03 cm gemessen worden. In ähnlicher Anordnung ist auch ein Ganztafelgerät beschrieben worden.

D. Das AEG-Blechstreifengerät von Hermann

Da ein rechteckiger Blechstreifen, der in offener Spule magnetisiert wird nicht in seinem ganzen Volumen die gleiche Magnetisierung erreicht, brachte Hermann (Z. S. Techn. Phys. 13 (1932) S. 541/49) dicht an der Oberfläche des Streifens ein kleines Drehspulmeßgerät mit Lichtzeiger an, um durch Messung der tangentia-

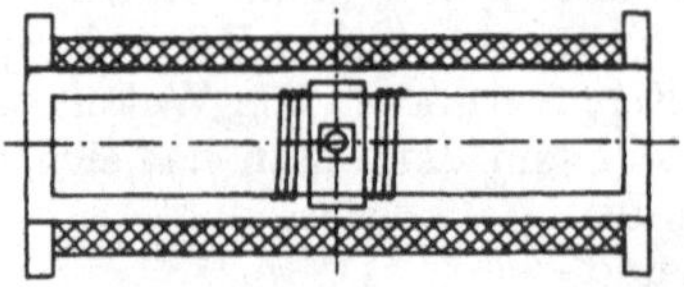

Abb. 93. Blechstreifenprüfgerät von P. C. Hermann. Felderzeugende Spule schraffiert; im Innern rechteckiger Blechstreifen mit Induktionswicklungen zu beiden Seiten des Drehspulmeßwerks. Drehachse des Meßwerks senkrecht zur Spulenachse

len Feldstärke an der Blechoberfläche das wahre Feld nach dem elektrodynamischen Verfahren zu bestimmen. Die Spule des Drehspulmeßwerkes wird von einem Hilfsstrom durchflossen, und dementsprechend beim Einschalten eines Feldes aus ihrer Ruhestellung abgelenkt. Bei konstantem Hilfsstrom erfährt man aus der Ablenkung des Spiegels die Feldstärke an der Probe. Die Vorrichtung (Abb. 93) kann in Kombination mit einer ballistischen Bestimmung der Induktion zur Aufnahme von Magnetisierungskurven dienen, wobei die lästige Feldscherung vermieden wird. Dieselbe Vorrichtung kann bei Magnetisierung im Wechselfeld als Wattmeter dienen. Man verbindet die den Blechstreifen umschließende

Induktionswicklung mit der Drehspule des oben beschriebenen Feldmeßgerätes und erhält nun eine Anzeige, welche dem Produkt $H \cdot \frac{dB}{dt}$ und damit auch der Verlustleistung proportional ist. Ist $B = B_{max} \cdot \sin \omega t$ und $H = H_{max} \cdot \sin(\omega t + \varphi)$ so erhält man $\frac{dB}{dt} = \omega \cdot B_{max} \cdot \cos \omega t$ und der zeitliche Mittelwert des Produktes $H \cdot \frac{dB}{dt}$ wird

$$H \cdot \frac{dB}{dt} = \frac{1}{\pi} \cdot \int_0^\pi H_{max} \cdot \sin(\omega t + \varphi) \cdot \omega \cdot B_{max} \cdot \cos \omega t \cdot d\omega t =$$

$$= H_{max} \cdot B_{max} \cdot \frac{\omega}{2} \cdot \sin \varphi. \tag{116}$$

φ bedeutet hierbei den Phasenwinkel zwischen Feld und Induktion.

Die Analogie zur wattmetrischen Verlustmessung, wie wir sie beim Epsteingerät kennengelernt haben, wird vielleicht noch etwas deutlicher, wenn man sich das beim Epsteinverfahren benutzte Wattmeter als einen Stromfeld-Drehspulleistungsmesser vorstellt; hierbei erzeugt die feste Stromspule ein Feld und dieses übt auf die mit der Sekundärspannung gespeiste bewegliche Spule ein Drehmoment aus. Bezüglich der beweglichen Spannungsspule stimmen das Wattmeter und das Meßwerk des Blechstreifenprüfgerätes überein. Beim Wattmeter haben wir eine Sromspule, in welcher der Primärstrom ein Feld erzeugt, welches dem in der Magnetisierungswicklung erzeugten direkt proportional ist; beim Blechstreifenprüfgerät ist das Feld, das auf die Spannungsspule ein Drehmoment ausübt, das Feld am Blechstreifen selbst. Das Blechstreifenprüfgerät kann sowohl mit Gleichstrom wie mit Wechselstrom bequem in Watt geeicht werden, wenn die Feldkonstante der Magnetisierungsspule in $\frac{\text{Vs}}{\text{A/cm}}$ bestimmt worden ist. Näheres s. bei P. C. Hermann, Zeitschrift techn. Physik, 13 (1932) S. 541/49.

E. Verfahren zur Bestimmung der Eisenverluste aus dem Verlustwinkel nach Schweizerhof

Die Leistung N_h, die zur Deckung der Hystereseverluste erforderlich ist, kann formal wie eine Wirkleistung durch die Gleichung $N_h = i^2 \cdot R_h$ beschrieben werden. Hierin ist i der Effektivwert des Stromes, der durch die Induktivität hindurchfließt. Die Gleichung definiert einen Widerstand R_h, der als Hystereseverlustwiderstand bezeichnet wird. Das Verhältnis des so definierten Hysteresewiderstandes zum induktiven Widerstand $\omega \cdot L$ heißt Verlustwinkel ε_h.

$$\operatorname{tg} \varepsilon_h = \frac{R_h}{\omega L} \tag{117}$$

Dieses Verhältnis kann nach dem Verfahren von S. Schweizerhof (Zeitschrift Techn. Physik Bd. 22 (1941) S. 66/75) verhältnismäßig einfach bestimmt werden. Das Verfahren ist für Messungen im Bereich der Anfangspermeabilität bei Frequenzen bis zu 1000 Hz bestimmt. Als Probe dient ein Blechstreifen von ca. 250 mm Länge und einigen mm² Querschnitt. Der Entmagnetisierungsfaktor der Probe kann bei diesen Abmessungen im Gebiet der Anfangspermeabilität vernachlässigt werden. Man schaltet die zu prüfende mit Verlust behaftete Induktivität in Reihe mit einer verlustfreien Induktivität von veränderlicher Größe und kompensiert die in der Sekundärspule der ersteren erzeugte Spannung durch die Sekundärspannung der zweiten.

Die Sekundärspannung der verlustbehafteten Induktivität enthält eine Blindkomponente, die gegen den Primärstrom um 90° phasenverschoben ist, und daher von der Sekundärspannung der zweiten Induktivität, die ebenfallsum 90° gegen den Primärstrom verschoben ist, kompensiert werden kann. Die Wirkkomponente der Sekundärspannung dagegen kann nicht kompensiert werden. Man erreicht daher beim Kompensieren nur ein Minimum, welches der übrig bleibenden Wirkkomponente entspricht. Dieses wird gemessen und ebenso wird die Gesamtspannung gemessen.

Das Verhältnis dieser beiden Spannungen ergibt den Verlustwinkel, wobei vorausgesetzt ist, daß die Wirkkomponente klein gegenüber der Gesamtspannung ist. Abb. 94 zeigt das Vektordiagramm mit der Gesamtspannung dB/dt und ihren Komponenten sowie dem Felde H und der Induktion B. Abb. 95 zeigt die Meßanordnung von Schweizerhof. Die Spule M_1 dient zur Felderzeugung. Die Sekundärspulen 1 und 1′ haben gleiche Windungsflächen und sind gegeneinander geschaltet; Spule 1′ dient zur Kompensation der Luftlinien. Als eisenfreie Induktivität dient das Variometer M_2 mit der drehbaren Sekundärspule 2. R ist ein Ersatzwiderstand für die Spule M_2. Die Sekundärspulen 1, 1′ und 2 sind in Reihe geschaltet und an den Verstärker V geführt. Man mißt zuerst bei eingeschaltetem Ersatzwiderstand R die in den Spulen 1 und 1′ induzierte Spannung, schaltet dann M_2 ein und kompensiert bis zum Minimum und mißt dann die Rest-

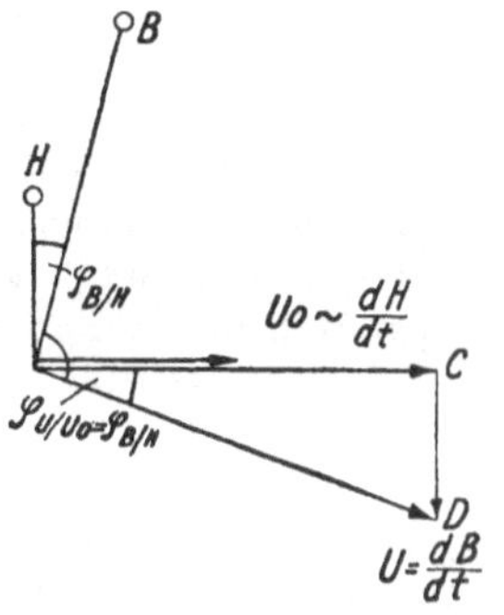

Abb. 94. Vektordiagramm zum Einfluß der Kernhysterese auf die Phasenlage einer fremd induzierten Spannung. U_0 = Spannung bei Luftkern · U bei Eisenkern mit Hysteresis (Rayleigh-Bereich)

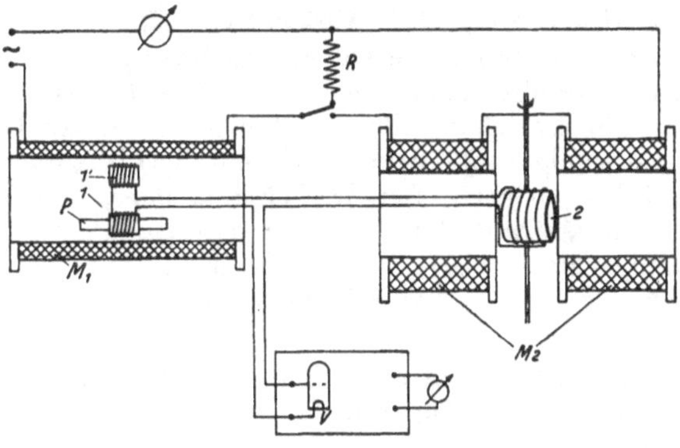

Abb. 95. Schematisches Schaltbild der Meßanordnung v. S. Schweizerhof

spannung. Da das Verfahren von Schweizerhof nur den Verlustwinkel angibt, muß der induktive Widerstand anderweitig gemessen werden. Hierzu benutzt man zweckmäßig einen Eichstreifen, dessen Anfangspermeabilität μ_E nach einem absoluten Verfahren bestimmt ist. Man erhält dann die Permeabilität des untersuchten Werkstoffes aus den am Verstärker gemessenen Spannungen U_1 und U_E nach Gleichung

$$\mu_1 = \mu_E \cdot \frac{U_1}{U_E} \cdot \frac{q_E}{q_1} \tag{118}$$

wobei μ_E die Permeabilität des Eichstreifens und q_1 und q_E die Querschnitte der Probe und des Eichstreifens bedeuten. Bei Kenntnis der Permeabilität ergibt sich der Verlustwiderstand R_h aus folgender Beziehung:

$$R_h = \operatorname{tg} \varepsilon \cdot \omega \cdot L = \operatorname{tg} \varepsilon \cdot \frac{n^2 \cdot q \cdot \mu \cdot \omega}{l} \tag{119}$$

Für Messungen, die im Gebiet der Anfangspermeabilität und bei der Frequenz 50 Hz ausgeführt werden, kann man den Verlust annähernd als reinen Hystereseverlust ansehen.

F. Trennung der Verlustanteile

Für die Abschätzung des Werkstoffverhaltens unter vorgegebenen Betriebsbedingungen ist eine Aufspaltung des Verlustes im Eisen in seine drei Komponenten erwünscht. Der Hystereseverlust vervielfacht sich in einfacher Proportion mit zunehmender Frequenz; er steigt außerdem nach dem Rayleighgesetz mit zunehmender Feldstärke. Der Wirbelstrom dagegen steigt proportional dem Quadrat der Frequenz und der Feldstärke. Der Nachwirkungsverlust schließlich ist nach H. Jordan (Elektr. Nachr.-Technik Bd. 1 [1924] S. 7) unabhängig von der Frequenz und vom Betrage des Feldes.

Die Verlustleistung N in einer Spule mit Eisenkern ist gleich dem Produkt aus dem Quadrat der Stromstärke mit dem Verlustwiderstand R_v.

$$N = I^2 \cdot R_v \tag{120}$$

Der Verlustwiderstand R_v ergibt sich als Differenz von Wirkwiderstand der Spule R und Gleichstromwiderstand R_o.

$$R_v = R - R_o \tag{121}$$

Der Verlustwiderstand R_v setzt sich aus den genannten drei Anteilen Hysteresewiderstand R_h, Wirbelstromwiderstand R_w und Nachwirkungswiderstand R_n zusammen, was in folgender Gleichung zum Ausdruck kommt:

$$R_v = R_h + R_w + R_n = k_1 \, I f + k_2 \, f^2 + k_3 \, f \tag{122}$$

Damit ergibt sich folgende Möglichkeit der Trennung der Verlustanteile.

Man mißt den Verlustwinkel bei konstanter Stromstärke und verschiedenen Frequenzen und trägt die Quotienten aus Verlustwiderstand und Frequenz $\frac{R_v}{f}$ als Funktion der Frequenz auf. Abb. 96. Man erhält eine Gerade, die die Ordinatenachse oberhalb des Nullpunkts schneidet. Zwei weitere Kurven werden

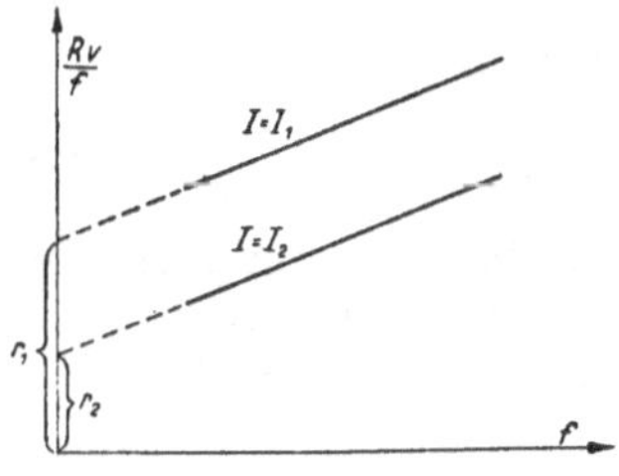

Abb. 96. Trennung der Verlustanteile

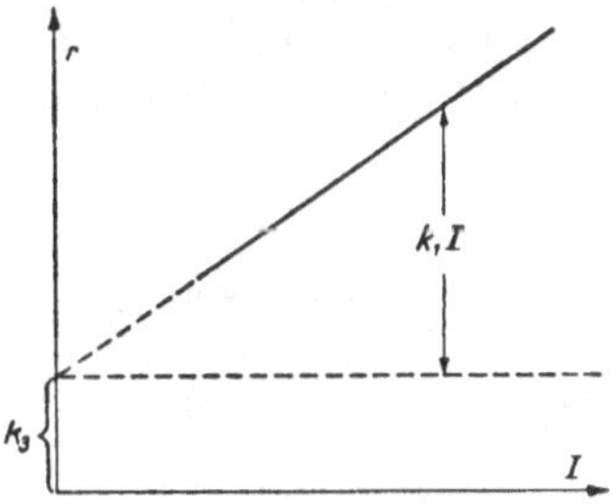

Abb. 97. Zur Berechnung der Verlustanteile

mit verdoppelter bzw. verdreifachter Stromstärke gemessen und in gleicher Weise aufgetragen. Diese Geraden werden auf die Frequenz Null extrapoliert und ergeben die Ordinatenabschnitte r_1, r_2 . . . . . Diese Größen r werden nun über der Stromstärke I aufgetragen und die resultierende Kurve auf die Stromstärke Null extraopliert. Bild 97. Der Ordinatenabschnitt k_3 dieses

Schnittpunkts ergibt nach Multiplikation mit der Frequenz den Nachwirkungsanteil von R_v. Die Größen k_1 und k_2 ergeben sich dann aus den folgenden zwei Gleichungen:

$$k_1 = \frac{r - k_3}{I} \quad (123) \quad \text{und} \quad k_2 = \frac{R_v - k_1\ I\ f - k_3 f}{f^2} \quad (124)$$

Solange der gesamte Verlustwiderstand gegen den induktiven Widerstand klein ist, kann man die einzelnen Anteile am Verlustwinkel einfach summieren; man kann also schreiben:

$$tg\,\varepsilon = \frac{R_v}{\omega L} = \frac{R_h + R_w + R_n}{\omega L} = tg\varepsilon_h + tg\varepsilon_w + tg\varepsilon_n \quad (125)$$

G. Verlustmessung mit der Brücke

Die Bestimmung der Permeabilität mit der Maxwellbrücke ist bereits in Abschnitt X.F besprochen worden. Die Verlustberechnung stützt sich auf die gleiche Messung. Wenn R_M und R_N gleich sind, und r den Widerstand der Probenwicklung bedeutet, berechnet sich der Verlust V mit Benutzung des vom Amperemeter gemessenen Gesamtstromes i wie folgt:

$$V = (R_X - r) \cdot \left(\frac{i}{2}\right)^2 \quad (126)$$

Für Verlustmessungen bei Ton- und Hochfrequenz eignet sich auch recht gut ein von Frühauf beschriebenes Verfahren (Hochfrequenztechnik und Elektroakustik Bd. 40 (1932) S. 229).

XII. Magnetostriktion

Als Magnetostriktion wird die Längenänderung bezeichnet, die ein ferromagnetischer Körper infolge einer Änderung seines Magnetisierungszustandes erleidet. Dabei wird unter Magnetostriktion schlechthin die Längenänderung in der Feldrichtung verstanden, welche auch genauer als longitudinaler Magnetostriktionseffekt bezeichnet wird; in der Querrichtung findet sich eine als transversaler Effekt bezeichnete Änderung, deren Betrag etwa halb so groß wie der Längseffekt ist und entgegengesetztes Vorzeichen aufweist. Der Volumeneffekt der Magnetostriktion ist gegenüber dem Längs- und Quereffekt von zweiter Größenordnung. Geht man vom pauschal unmagnetischen Zustand aus, so ist die bei der Magnetisierung beobachtete Längenänderung die gleiche, ob man nun ein positives oder ein negatives Feld anlegt; das Vorzeichen der Längenänderung ist jedoch vom Werkstoff abhängig. Es gibt Werkstoffe, die eine Verlängerung (positive Magnetostriktion) aufweisen, z. B. eine Legierung mit 50 % Ni und 50 % Fe und solche, die eine Verkürzung (negative Magnetostriktion) zeigen, z. B. reines Ni. Außerdem gibt es Werkstoffe, die mit zunehmender Feldstärke sich zuerst dehnen und bei höheren Feldstärken verkürzen (Villari-Effekt), z. B. reines Eisen.

Als Maß für die Magnetostriktion dient die relative Längenänderung, die bei einer Änderung des Magnetisierungszustandes beobachtet wird. Sie liegt im allgemeinen in der Größenordnung zwischen 10^{-6} und 10^{-5}. Die Magnetostriktion zeigt ebenso wie die Magnetisierung die Erscheinung der Hysterese. Gewöhnlich mißt man die Magnetostriktion als Funktion des Feldes, wobei ebenso wie bei Induktionsmessungen zwischen dem äußeren Feld und dem wahren Feld zu unterscheiden ist.

Aus bestimmten Gründen, deren Erörterung hier zu weit führen würde, ist es bisweilen zweckmäßiger, die Magnetostriktion als Funktion der Magnetisierung zu messen. Wegen des kleinen Betrages der Längenänderung muß die Temperatur bei der Magnetostriktionsmessung konstant gehalten werden. Außerdem ist bei allen Meßverfahren darauf zu achten, daß der Prüfling keinen mechanischen Spannungen ausgesetzt wird, da diese selbst eine Änderung des Magnetisierungszustandes herbeiführen und dadurch die Magnetostriktion ändern können. Weiterhin ist zu fordern, daß das Meßorgan selbst vom Magnetfeld nicht beeinflußt wird.

Das Verfahren von K. Honda mißt die Magnetostriktion mittels eines in Abb. 98 skizzierten Walzendilatometers. Als Prüfling dient ein stärkerer Blechstreifen von etwa 100 mm Länge; dieser ist am einen Ende durch eine dünne Blattfeder mit einem festen Punkt über einer Schiene aus unmagnetischem Werkstoff verbunden. Am anderen Ende des Prüflings ist ein Übertragungsstab angeklemmt, welcher in einem ebenen Gleitstück endet und von einem Gewicht P über einen Faden und eine Rolle unter leichtem Zug gehalten wird. Zwischen dem Gleitstück und der Schiene liegt eine dünne gleichmäßig runde Spiegelwalze vom

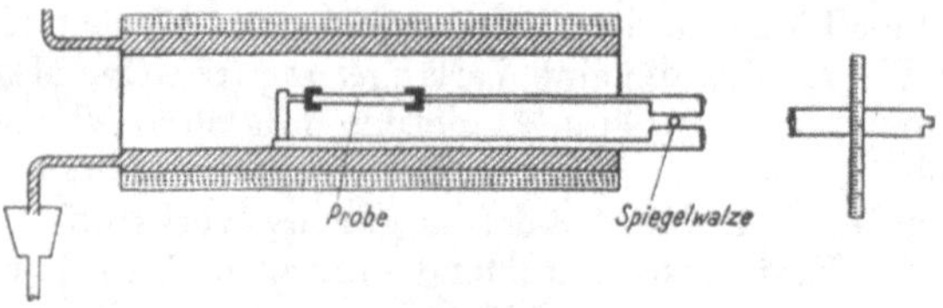

Abb. 98. Magnetostriktionsmessung mit dem Walzendilatometer von K. Honda

Durchmesser d. Bei einer Verlängerung oder Verkürzung der Probe um Δl dreht sich die Walze um den kleinen Winkel α, welcher aus $\frac{\Delta l}{d}$ leicht berechnet wird. Die Drehung des an der Walze befestigen Spiegels wird mit Fernrohr und Skala gemessen. Die Vergrößerung bei einem Abstand A zwischen Spiegel und Skala beträgt $\frac{2A}{d}$.

Δa ist der an der Skala abgelesene Ausschlag.

Damit wird:

$$\frac{\Delta l}{l} = \Delta a \cdot \frac{2A}{d} \cdot \frac{1}{l} \tag{127}$$

Über eine Verfeinerung dieser Methode vergleiche F. Brailsford und R. J. Martindale (J. Sci. Instr. 18 (1941) S. 221).

Eine andere vielfach benutzte Methode mißt die Magnetostriktion durch die Veränderung in der Kapazität eines Plattenkondensators, wobei die eine Platte feststeht und die andere infolge der kleinen Längenänderung des Prüflings der ersten Platte näher rückt oder sich von ihr entfernt. Diese halb mechanische, halb elektrische Methode bietet den Vorteil, daß man mit ihr die Abhängigkeit der Magnetostriktion vom Felde über zwei elektrische Größen mittels eines Koordinatenschreibers aufzeichnen kann. Der Kondensator wird meist mit einer mittelfrequenten Wechselspannung betrieben. Näheres siehe bei M. Kornetzki (Wissenschaftliche Veröffentlichungen aus den Siemens-Werken, 20 (1942) Heft 2, S. 48/53 und S. 248/273).

Beim Streifengeberverfahren wird ebenso wie bei der Messung elastischer Dehnungen die Änderung des elektrischen Widerstandes bestimmt, die ein auf die Oberfläche des Prüflings aufgeklebter Drahtwiderstand bei der magnetostriktiven Dehnung erfährt. (J. E. Goldman, Phys. Rev. 72 (1947) S. 529) Die Empfindlichkeit, d. h. das Verhältnis der relativen Widerstandsänderung zur Dehnung beträgt bei den heute üblichen Dehnungsstreifen etwa 2. Bei der geringen durch die Magnetostriktion bewirkten Längenänderung benötigt man eine hochempfindliche Meßbrücke.

XIII. Abschirmung

Gelegentlich tritt bei magnetischen Messungen das Bedürfnis auf, störende Magnetfelder durch eine Abschirmung von den Meßgeräten fernzuhalten. Ist die Quelle der störenden Kraftlinien ortsfest, zugänglich und klein, so kann es u. U. genügen, diese in einen geschlossenen Eisenbehälter einzuschließen. Dieser Weg ist nicht immer gangbar. Es ist dann oft einfacher, das Objekt, das geschützt werden soll, durch einen Eisenmantel abzuschirmen, Der Eisenmantel erhält gewöhnlich zylindrische Gestalt und zwar so, daß das Magnetfeld senkrecht zur Achse steht. Nach Abb. 99 stellt man sich vor, daß die Kraftlinien wegen der gegenüber Luft hohen Permeabilität des Eisens vorzugs-

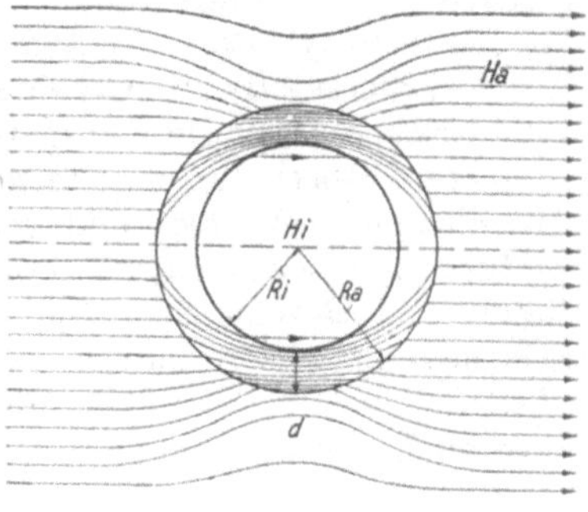

Abb. 99. Übliche Darstellung der magnetischen Schirmwirkung

weise durch den Eisenmantel verlaufen; im Innenraum bleibt nur eine sehr kleine Kraftliniendichte übrig. Diese Darstellung läßt jedoch nicht erkennen, bis zu welcher Stärke des äußeren Feldes H_a ein solcher Schirm wirksam ist. Außerdem muß infolge der bleibenden Magnetisierung, die der Schirm bei hohen Feldern annimmt, beim Verschwinden des äußeren Feldes noch mit einem Eigenfeld des ringförmigen Schirmkörpers gerechnet werden (Abb. 100). F. Stäblein (Techn. Mitt. Krupp, Forschungsberichte Bd. 3 (1940) S. 99 bis 102) zeigte, daß sowohl die Abmessungen des Schirms als auch seine magnetischen Eigenschaften die Schirmwirkung bestimmen. Nach Stäblein ist die Feldstärke H' im Innern des Schirms kleiner als die Koerzitivkraft des Schirmwerkstoffs; dies gilt von kleinen Feldern bis zu einer Grenze des äußeren Feldes H_a mit folgender Bedingung:

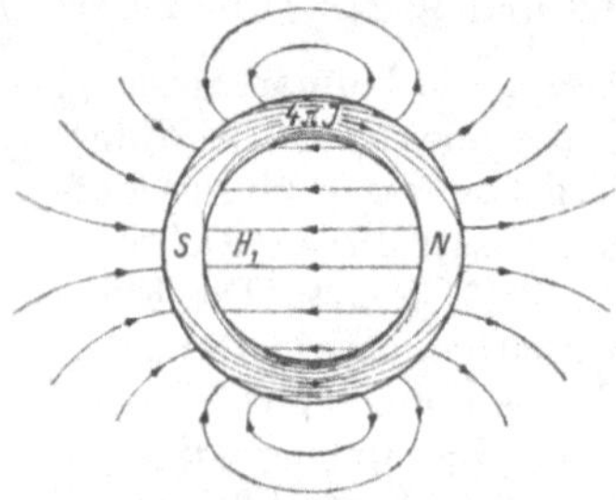

Abb. 100. Eigenfeld des magnetisierten Ringes

$$H_a \cdot \mu_0 \leqq \frac{d}{D} \cdot B_r \cdot 10^{-8} \tag{128}$$

d bedeutet die Wandstärke der Abschirmung, D den Durchmesser des Abschirmzylinders, B_r die in Gauß angegebene Remanenz des Abschirmwerkstoffs. Bei Feldern, die in Achsenrichtung der zylindrischen Abschirmbüchse wirken, ist statt D die Zylinderlänge zu setzen. Oberhalb der angegebenen Grenzfeldstärke wird die Abschirmung schlechter und bei hohen Feldern wirkungslos. Zur Einführung von Leitungen, Haltern und dergl. in den geschützten Raum sind Durchbrüche durch den Schirm notwendig, die die Schirmwirkung vermindern. Nach Möglichkeit legt man diese „Fenster" so an, daß ihre Flächen parallel zur Richtung des äußeren Feldes stehen.

XIV. Temperaturabhängigkeit der magnetischen Eigenschaften

Die Temperaturabhängigkeit der magnetischen Eigenschaften ist bisher verhältnismäßig wenig untersucht worden; der Hauptgrund dürfte der sein, daß die technische Anwendung der magnetischen Eigenschaften gewöhnlich bei niedrigen Temperaturen um 20° herum stattfindet und daß der Temperaturkoeffizient der Magnetisierung bei dieser Temperatur ziemlich klein ist. Immerhin gibt es einige Fälle, bei denen die Temperaturabhängigkeit der magnetischen Eigenschaften ein erhebliches praktisches Interesse besitzt. Hierzu gehören die für Drehspulinstrumente benötigten Dauermagnete, bei denen ein geringer Temperaturkoeffizient der Magnetisierung erwünscht ist, um die Angabe des Instrumentes möglichst unabhängig von der Arbeitstemperatur zu halten. Da ein Koeffizient vom Betrage Null nicht zu erreichen ist, hat man Werkstoffe mit starker Temperaturabhängigkeit der Permeabilität entwickelt (Thermoperm, Monel-Metall), die als magnetische Nebenschlüsse gebraucht werden; sie lassen bei niedriger Temperatur einen größeren Teil des magnetischen Flusses durch als bei höherer Temperatur und kompensieren dadurch die mit sinkender Temperatur eintretende Vergrößerung des magnetischen Flusses der Dauermagnete.

Neben diesen unmittelbaren praktischen Aufgaben der Elektrotechnik haben theoretische Fragenstellungen vielfache Veranlassung zur Untersuchung der Temperaturabhängigkeit der magnetischen Eigenschaften gegeben; es sei hier nur an die Verschiebung der Curiepunkte bei der Mischkristallbildung und an die Herstellung magnetischer Vorzugsrichtungen durch Wärmebehandlung im Magnetfeld erinnert. Das Auftreten und Verschwinden ferromagnetischer Phasen bei Umwandlungen im festen Zustand hat zur Anwendung der thermomagnetischen Analyse als Hilfsmittel zur Gefügeuntersuchung bei ferromagnetischen Stoffen Veranlassung gegeben. Dabei hat man sich vorwiegend mit den Beziehungen zwischen Sättigungsmagnetisierung und Gefügeaufbau beschäftigt. W. Gerlach hat in den letzten Jahren interessante Beziehungen zwischen Koerzitivkraft und Temperatur aufgestellt, und schließlich sind auch wiederum von Gerlach und Mitarbeitern die Vorgänge der thermischen Entmagnetisierung und der thermischen Idealisierung eingehend untersucht worden.

Die für die Messung bei hohen und bei niedrigen Temperaturen benutzten Verfahren sind grundsätzlich die gleichen wie bei Raumtemperatur, d. h. man baut in die Meßeinrichtung ein Temperaturbad ein. Für kleine Temperaturbereiche wenig oberhalb

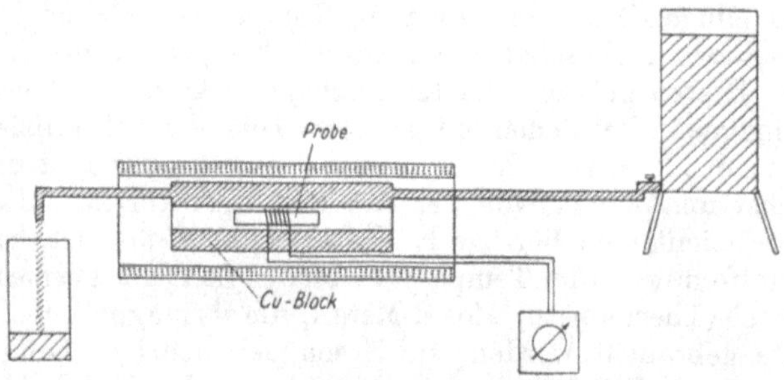

Abb. 101. Ballistische Messung in offener Spule bei erhöhter Temperatur

und wenig unterhalb von Raumtemperatur kann es u. U. genügen, in die für ballistische Messungen benutzte Feldspule einen in Längsrichtung durchbohrten Kupferklotz einzulegen, der von einer kalten oder heißen Flüssigkeit durchströmt wird und deren Temperatur annimmt. Abb. 101 zeigt eine billige Anordnung; rechts ist ein Vorratsbehälter gezeichnet, der die kalte oder heiße Flüssigkeit enthält, die durch den Kupferklotz (Mitte) langsam in ein Auffanggefäß (links) abfließt. Natürlich braucht der Prüfling eine gewisse Zeit, um die Temperatur des Kupferkörpers anzunehmen; die Messung wird genau wie bei 20° auch durchgeführt. Als Badflüssigkeit kommen neben Wasser die üblichen Thermostatenflüssigkeiten in Frage; bis zu etwa +150° C kann Glycerin benutzt werden, bis etwa −50° C durch Eintragung von Kohlensäureschnee gekühlter Alkohol. Das Temperaturbad darf keine magnetisierbaren Teile enthalten; auch darf es kein störendes Magnetfeld erzeugen; soll bei niedriger Feldstärke gemessen werden, so müssen elektrische Heizungen bifilar gewickelt sein. Bei Messungen in hohen Feldern von konstanter Richtung kann man sich u. U. damit begnügen, die elektrische Heizung mit Wechselstrom zu betreiben und die damit verbundene kleine Feldverzerrung in Kauf zu nehmen.

Die induktiven Verfahren lassen sich bei erhöhten Temperaturen nur in begrenztem Maße verwenden; die Isolation der für Feldspulen und Induktionsspulen benötigten Drähte wird in der Wärme immer schwieriger; Wicklungen mit hoher Windungsdichte sind bei hohen Temperaturen nicht mehr anwendbar.

Für die Untersuchung magnetisch weicher Stoffe, aus denen Proben in Ringform hergestellt werden können, ist diese Einschränkung kein allzu großes Hindernis, denn man kann den Prüfling, wie in Abb. 102 angedeutet, in eine ringförmige, zweiteilige Kapsel aus feuerfestem keramischen Werkstoff einschließen und mit einer kleinen Zahl von Magnetisierungswindungen versehen, wobei man einen hitzebeständigen Draht benutzt. Mittels einiger Nuten in der keramischen Hülse läßt sich auch eine Induktionswicklung von kleiner Windungszahl hinreichend sicher isoliert unterbringen. Die ganze Vorrichtung wird in einen Muffelofen eingesetzt. Der Unterschied zwischen dem Probenquerschnitt und dem von einer Induktionswindung umschlossenen Fläche kann bei leidlich großer relativer Permeabilität (μ größer als 100) meist vernachlässigt werden. Notfalls kann man ihn rechnerisch berücksichtigen oder ihn durch Entgegenschalten der Sekundärwicklung einer gleichen, leer bleibenden Spulenanordnung kompensieren. Die Induktionsmessung wird in üblicher Weise bei Gleichfeldern

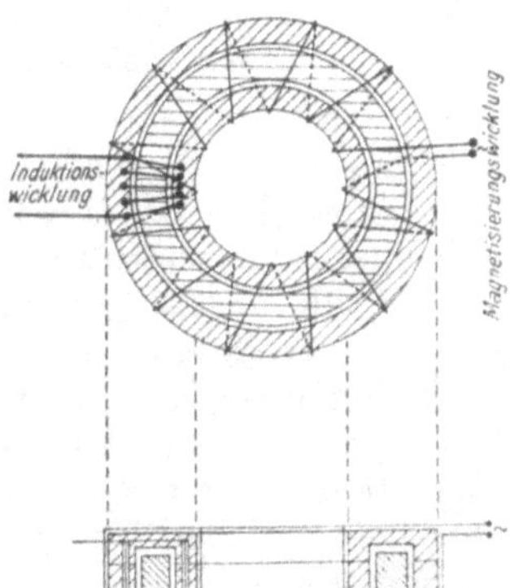

Abb. 102. Anordnung für Induktionsmessungen bei hohen Temperaturen; Ringprobe in zweiteiliger keramischer Büchse

ballistisch und bei Wechselfeldern mit dem Ferrometer oder einer ähnlichen Anordnung ausgeführt.

Für Messungen im ungeschlossenen Eisenkreis werden, wie früher besprochen, höhere äußere Felder benötigt als bei Ringproben. Zur Erzeugung dieser Felder können gekühlte Zylinderspulen verwandt werden, die den Prüfling samt Heizwicklung umschließen. Als Beispiel einer solchen Anordnung sei das von F. Wever und H. Lange beschriebene astatische Magnetometer genannt, dessen zylindrische Feldspulen eine bifilare Heizwicklung enthalten. (Mitt. Kais.- Wilh.-Inst. Eisenforschg. 12 (1930) S. 353).

Trotz Verwendung ziemlich langgestreckter Zylinderstäbe (200 · 5 mm ⌀) gibt diese Anordnung wegen der beschränkten äußeren Feldstärke (maximal 240 A/cm) keine allzu großen wahren Feldstärken. Das Sättigungsgebiet kann unter diesen Umständen bei reinem Eisen nicht erreicht werden.

Ein Universalgerät für magnetische Messungen bei erhöhter Temperatur existiert nicht. Gerade bei den Messungen im ungeschlossenen Eisenkreis wird man sorgfältig überlegen müssen, welche Anforderungen zu stellen sind. Kommt es in erster Linie auf die Gestalt der Magnetisierungskurve, also auf die Beziehung zwischen Feldstärke und Magnetisierung an, so wird man ein magnetometrisches Meßverfahren oder eine eisenlose magnetische Waage mit möglichst kleinem Feldstärkengradienten wählen. Beim Magnetometer hat man in der gewöhnlichen Zylinderspule mit übereinstimmender Kompensationsspule ein bequemes Mittel, um ein homogenes Feld zu erzeugen, mit dem insbesondere Messungen bei geringen Feldstärken ausgeführt werden können. Hohe Feldstärken können zwar erreicht werden, die Schwierigkeiten bei der Kompensation der von der leeren Spule auf das Magnetometer ausgeübten Kraft nehmen aber mit zunehmender Feldstärke beträchtlich zu. Eisenlose magnetische Waagen bereiten bei der Herstellung höherer Felder weniger Schwierigkeiten und bieten insbesondere durch ihre räumliche Anordnung eine bequeme Möglichkeit, um Temperaturbäder in die Meßanordnung einzubauen; wegen der notwendigen Inhomogenität des Feldes eignet sich die magnetische Waage jedoch nicht, um Magnetisierungsschleifen bei sehr kleinen Feldstärken aufzunehmen. Für beide Verfahren ist ein möglichst kleiner Entmagnetisierungsfaktor der Proben anzustreben. Wird andererseits die Aufgabe gestellt, die Temperaturabhängigkeit der Magnetisierung bei mittleren und hohen Feldstärken zu messen, so läßt sich diese Aufgabe nicht nur mit einer eisenlosen magnetischen Waage, sondern auch mit der gebräuchlichen magnetischen Waage, deren Feld und Feldstärkengefälle von einem Elektromagneten geliefert werden, lösen. Als Vorteil der gebräuchlichen magnetischen Waage ist das hohe Feld, das man mit dem Elektromagneten bequem erreichen kann, zu nennen, als Nachteil der kleinere Arbeitsraum, in dem Prüfling, Heizvorrichtung und mechanische Meßanordnung unterzubringen sind. Da bei sehr hohen Feldern in der Größenordnung von 10000 A/cm der Entmagnetisierungsfaktor für gewöhnlich nicht berücksichtigt zu werden braucht, kann man mit der gewöhnlichen eisenhaltigen magnetischen Waage bequem die Temperaturabhängigkeit der Sättigungsmagnetisierung messen und dafür Proben von wenigen Kubikmillimetern Rauminhalt verwenden.

Diese kleinen Probenformate können die Ausführung gewisser metallkundlicher Aufgaben sehr erleichtern, denn sie gestatten eine sehr schnelle Änderung der Probentemperatur. Den kleinen Probenabmessungen entsprechend verwendet man oft auch sehr kleine Öfchen mit einer lichten Weite von einigen Millimetern und einer Länge von einigen Zentimetern, die mit Platin- oder Platiniridium-Draht gewickelt sind und nur schwach gegen Wärmeabfluß isoliert sind, so daß sie bei verminderter Wärmezufuhr schnell abkühlen.

Die in Abb. 103 dargestellte magnetische Waage von K. Mathieu (Archiv

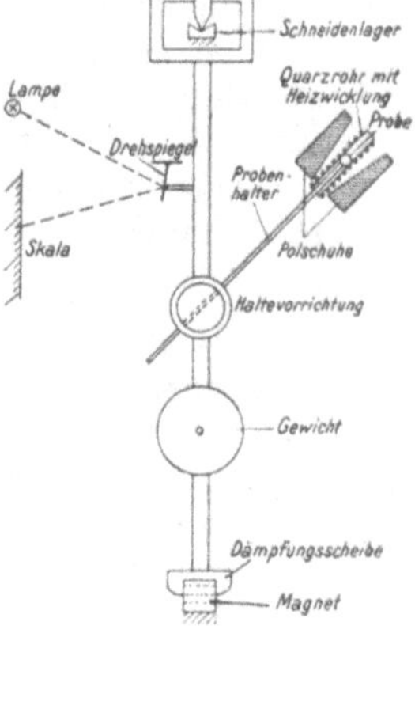

Abb. 103. Magnetische Waage für erhöhte Temperaturen nach K. Mathieu (Elektromagnet nur durch Polschuhe angedeutet)

f. d. Eisenhüttenwesen **16** (1943) S. 415) ist als Pendelwaage gebaut und enthält ein kräftiges Schneidenlager, durch welches die Schwingungsebene der Waage bestimmt wird. Die Empfindlichkeit der Waage kann durch Verändern des unteren Gewichts und durch Verschieben des oberhalb der Schneide angebrachten Laufgewichts weitgehend verändert werden. Die am Ende des Pendels angebrachte Wirbelstromdämpfung ermöglicht auch bei raschen Änderungen der Magnetisierung eine schnelle und sichere Messung. Die winzige Heizvorrichtung und das kleine Probenformat gestatten schnelle Temperaturänderungen. Die Waage von Mathieu ist speziell für die Untersuchung der Gefügeumwandlungen bei der Stahlhärtung konstruiert worden.

Die Anwendung der magnetischen Untersuchungsmethode für diesen Zweck beruht auf folgender Überlegung: Die feste Lösung des Kohlenstoffs im kubisch flächenzentrierten γ-Eisen (Austenit) ist paramagnetisch. Die Entstehung des kubisch raumzentrierten α-Eisens (Ferrit), dessen magnetischer Umwandlungspunkt bei 768° C liegt, wird durch die Zunahme der Magnetisierbarkeit angezeigt. Ist nur eine einzige ferromagnetische Phase vorhanden und ist für eine gegebene Temperatur die spezifische Magnetisierung bekannt, so kann aus der Messung in der magnetischen Waage das Produkt Volumen · Magnetisierung bestimmt und daraus die durch Reaktion im festen Zustand entstandene Menge des ferromagnetischen Gefügebestandteils errechnet werden. Die Entstehung ferromagnetischer Gefügebestandteile mit tief liegendem Curiepunkt wie z. B. die Entstehung des Eisenkarbids Fe_3C (Zementit), dessen Curiepunkt bei 220° C liegt, kann oberhalb des Curiepunktes auf magnetischem Wege nicht festgestellt werden.

Die Menge und die Magnetisierung der ferromagnetischen Gefügebestandteile kann je nach Legierungszusammensetzung und Wärmebehandlung in weiten Grenzen schwanken. Reines Eisen hat eine Sättigungsmagnetisierung von 21 600 Gauß, für Kobalt beträgt sie ca. 17 900 Gauß. Hartmetalle mit 6 % Co weisen eine Sättigungsmagnetisierung in der Größenordnung von 2000 Gauß auf, durch die hohe Dichte der unmagnetischen Grundmasse (WC) tritt hier der ferromagnetische Gefügeanteil besonders stark hervor. Im Zweistoffsystem Fe-Cu liegt die maximale Löslichkeit für Fe auf der Kupferseite bei 3,7 % und geht mit sinkender Temperatur auf $<$ 0,01 % zurück. Die Ausscheidung des Eisens aus dem gesättigten kupferreichen Mischkristall führt zu einer Sättigung im Betrage von ca. 700 Gauß. Diesen großen Unterschieden entsprechend muß bei metallkundlichen Aufgaben auf die Anpassungsfähigkeit der magnetischen Meßverfahren großer Wert gelegt werden.

Literatur

1. *O. v. Auwers*, Magnetische Meßmethoden und Geräte in Müller-Pouillet, Lehrbuch der Physik, Bd. 4, Tl. 1. Vieweg, Braunschweig 1932.

2. *R. Becker* und *W. Döring*, Ferromagnetismus. Springer, Berlin 1939.

3. *Joh. Fischer*, Abriß der Dauermagnetkunde. Springer, Berlin Göttingen Heidelberg 1949.

4. *E. Gumlich*, Leitfaden der magnetischen Messungen. Vieweg, Braunschweig 1918.

5. *L. Holborn*, Meßmethoden und Meßtechnik in Wien-Harms, Handb. d. Experim. Physik, Bd. 1. Akad. Verlags-Ges., Leipzig 1926.

6. *K. Honda*, Magnetic Properties of Matter. Syokwabo and Company Tokyo (Japan) 1928.

7. *R. Jaeger*, Magnetismus in Gehlhoff, Lehrb. d. techn. Physik, Bd. 2. Joh. A. Barth, Leipzig 1926.

8. *W. Jaeger*, Elektrische Meßtechnik; Theorie und Praxis der elektrischen und magnetischen Messungen, 2. Aufl. Joh. A. Barth, Leipzig 1922.

9. *W. Klemm*, Magnetochemie. Akad. Verlags-Ges., Leipzig 1936.

10. *W. S. Messkin* und *A. Kussmann*, Die ferromagnetischen Legierungen und ihre gewerbliche Verwendung. Springer, Berlin 1932.

11. *G. Mie*, Elektrodynamik in Wien-Harms, Handb. d. Experim. Physik, Bd. 11, Teil 1. Akad. Verlags-Ges., Leipzig 1932.

12. *R. W. Pohl*, Einführung in die Physik, Bd. 2 Elektrizitätslehre, 4. Aufl. Springer, Berlin 1935.

13. *Th. Spooner*, Properties and Testing of Magnetic Materials. McGraw Hill Co., New York 1927.

14. *W. Steinhaus*, Die magnetischen Eigenschaften der Körper in Geiger-Scheel, Handb. d. Physik, Bd. 15. Springer, Berlin 1927.

15. *W. Steinhaus*, Magnetismus in F. Kohlrausch, Praktische Physik, 19. Aufl., Bd. 2. B. G. Teubner, Leipzig 1944.

16. *W. Westphal*, Physik, 11. Aufl. Springer, Berlin 1944.

17. *F. Wever*, Physikalische Prüfungen in Handb. d. Werkstoffprüfung, Bd. 2. Springer, Berlin 1939.

18. *K. Küpfmüller*, Einführung in die theoretische Elektrotechnik, 2. Aufl. Springer, Berlin 1939.

19. *Rich. Bozorth*, Magnetism in Review of Modern Physics, Bd. 19 (1947) S. 29/86.

20. *R. M. Bozorth*, Ferromagnetism, D. van Nostrand Comany. New York, London, Toronto 1951.

Neben der oben genannten Buchliteratur sei noch ausdrücklich auf das „Archiv für technisches Messen" (A T M), Verlag R. Oldenbourg München Berlin hingewiesen, in dem für zahlreiche Meßverfahren Grundlagen, Ausführungsformen und umfangreiche Literaturangaben zu finden sind. Bei Literaturstudien leisten die Physikalischen Berichte (herausgegeben von der Deutschen Physikalischen Gesellschaft) wertvolle Hilfe.

Register

H. GINSBERG

Leichtmetallanalyse

2., neubearbeitete und erweiterte Auflage
Oktav Mit 27 Textabbildungen. XX, 427 Seiten. 1945. Gebunden DM 18,—
(Arbeitsmethoden der modernen Naturwissenschaften)

„Das Buch beschäftigt sich mit den verschiedenen Methoden zur Analyse von Magnesium, Beryllium und Aluminium sowie auch der Schmelzmittel, Roh- und Hilfsstoffe. Angefangen mit der Probenahme und Vorbereitung der Proben werden, soweit anwendbar, die gravimetrischen, volumetrischen, kolorimetrischen, elektrolytischen, polarographischen, spektralanalytischen und gasanalytischen Methoden eingehend behandelt."

W. FULDA — H. GINSBERG

Tonerde und Aluminium

I. Teil: Die Tonerde
Oktav. Mit 56 Abbildungen, 66 Tabellen und 1 Tafel. VIII, 227 Seiten. 1951
Ganzleinen DM 26,—

„Der vorliegende 1. Teil des Werkes behandelt die technischen Verfahren zur Gewinnung von Tonerde aus den natürlichen Rohstoffen, wie Bauxit und Ton. Da mit den beiden Verfassern zwei vielerfahrene Fachmänner am Werk waren, denen dazu noch ein Stab von Mitarbeitern zur Verfügung stand, gibt das Buch eine gediegene Darstellung der Technologie des Gebietes. Der Inhalt berücksichtigt aber zugleich die mineralogischen und chemischen Grundlagen der Prozesse, so daß auch ein nicht nur industriell interessierter Leser das Buch mit Gewinn zur Hand nehmen wird." Zeitschrift für Naturforschung

II. Teil In Vorbereitung

H. BORCHERS

Metallkunde

Band I Aufbau der Metalle und Legierungen
Mit 2 Tabellen und 90 Abbildungen. 2. Auflage 110 Seiten. 1950. DM 2,40

Band II Eigenschaften, Grundzüge der Form und Zustandsgebung
Mit 8 Tabellen und 100 Abbildungen. 2. Auflage. 154 Seiten. 1952. DM 2,40
(Sammlung Göschen, Band 432/433)

CLEMENS SCHAEFER

Einführung in die Maxwellsche Theorie der Elektrizität und des Magnetismus

5., verbesserte Auflage. Groß-Oktav. Mit 33 Figuren. VIII, 142 Seiten. 1949
Ganzleinen DM 8,—

WALTER DE GRUYTER & CO. / BERLIN W 35

W. KLEBER

Angewandte Gitterphysik

Behandlung der Eigenschaften kristallisierter Körper vom Standpunkte der Gittertheorie

2., verbesserte Aufl. Mit 54 Abbildungen, 215 Seiten. 1949. Halbl. DM 12,—

(Arbeitsmethoden der modernen Naturwissenschaften)

„Damit hat nicht nur der Wissenschaftler, sondern vor allem der Praktiker in handlicher Form das Rüstzeug, das ihm ermöglicht, seine Arbeiten auf ein gutes Fundament zu stellen und mit neuen Erkenntnissen an die Bearbeitung seiner Aufgaben zu gehen und etwaige Schwierikeiten zu meistern."

Keramische Zeitschrift, 18/19

ERWIN LOHR

Vektor- und Dyadenrechnung

für Physiker und Techniker

2. Aufl. mit einem Nachtrag. Oktav. XV, 488 Seiten. 1950. Ganzl. DM 24,—

(Arbeitsmethoden der modernen Naturwissenschaften)

„Das Erscheinen der 2. Auflage von Erwin Lohrs, Vektor- und Dyadenrechnung' wird von allen mathematisch hinreichend vorgebildeten, wissenschaftlich arbeitenden Physikern und Ingenieuren dankbar begrüßt werden, welche sowohl die Grundlagen als auch die Anwendungen des Rechnens mit Vektoren und Tensoren gründlicher und zuverlässiger kennenlernen wollen, als es durch den Gebrauch dieses Kalküls im Rahmen der elementaren Vektorrechnung möglich ist . . .

Es ist zweifellos ein ganz wesentliches Charakteristikum des Lohrschen Buches, daß es deutlich macht, in welcher Weise diese wichtige Rolle des Tensorkalküls durch einfache algebraische und analytische Sachverhalte bedingt ist."

Zeitschrift für Naturforschung

ERWIN LOHR

Mechanik der Festkörper

Groß-Oktav Mit 73 Abbildungen. VIII, 483 Seiten. 1952. Ganzleinen DM 39,50

M. VON STACKELBERG

Polarographische Arbeitsmethoden

Oktav Mit 113 Abbildungen. VIII, 478 Seiten. 1950. Ganzleinen DM 28,—

(Arbeitsmethoden der modernen Naturwissenschaften)

„Der Verfasser bringt als hervorragender Kenner der Polarographie in seinem Buch alle Einzelheiten, die man auf diesem Gebiet wissen muß. Nach einer kurzen Einführung in die Methodik der Polarographie, vor allem der genauen Beschreibung der Quecksilbertropfelektrode, gibt der Verfasser spezielle Analysenvorschriften zur Durchführung der anorganischen und organischen Polarographie, der sich die Theorie zu diesem Gebiet und eine ausführliche Literaturzusammenstellung anchließen. Durch viele Abbildungen im Text wird das Studium der einzelnen Abbildungen sehr erleichtert."

Zeitschrift für analytische Chemie

WALTER DE GRUYTER & CO. / BERLIN W 35

E. ASMUS

Einführung in die höhere Mathematik und ihre Anwendungen

Ein Hilfsbuch für Chemiker, Physiker und andere Naturwissenschaftler
2. Auflage. Oktav. Mit 178 Abbildungen. XV, 404 Seiten. 1952. DM 22,—

KÜSTER — THIEL — FISCHBECK

Logarithmische Rechentafeln

für Chemiker, Pharmazeuten, Mediziner und Physiker
61.—64., verbesserte und vermehrte Auflage. Oktav Mit 1 Mantissentafel. 330 Seiten. 1951 Halbleinen flexibel DM 14,80

E. ASMUS

Physikalisch-Chemische Rechenaufgaben

2. Auflage. 96 Seiten. 1949. DM 2,40
(Sammlung Göschen, Band 445)

W. BAHRDT und R. SCHEER

Stöchiometrische Aufgabensammlung

mit den Ergebnissen
5., verbesserte Auflage 120 Seiten. 1952. DM 2,40
(Sammlung Göschen, Band 452)

W. SCHULZE

Allgemeine und physikalische Chemie

I Teil 3., durchgesehene Auflage. Mit 22 Figuren. 146 Seiten. 1949. DM 2,40
II Teil 3., durchgesehene Auflage. Mit 36 Figuren. 160 Seiten. 1949. DM 2,40
(Sammlung Göschen Band 71 und 698)

G. JANDER und K. F. JAHR

Maßanalyse

Theorie und Praxis der klassischen und der elektrochemischen Titrierverfahren
2 Bände. 6. Auflage. In Vorbereitung.
(Sammlung Göschen, Band 221 und 1002)

EGON WIBERG

Die chemische Affinität

Eine Einführung in die Lehre von der Triebkraft chemischer Reaktionen
Groß-Oktav. Mit 36 Abbildungen. XII, 254 Seiten. Ganzleinen DM 24,—
„Es benützt ein einfaches Symbolsystem, das es ermöglicht, mit ganz wenigen Zeichen auszukommen. Es werden ausschließlich die international vereinbarten Vorzeichen verwendet. Sämtliche Zahlenbeispiele werden in aller Ausführlichkeit durchgerechnet und durch übersichtliche Diagramme und schematische Zeichnungen veranschaulicht." Chemia, Aarau

WALTER DE GRUYTER & CO. / BERLIN W 35

J.-E. HILLER

Grundriß des Kristallchemie

Groß-Oktav Mit 209 Abbildungen. Etwa 335 Seiten. 1952. In Vorbereitung

W. BRUHNS

Kristallographie

4. Auflage von P. Ramdohr In Vorbereitung. DM 2,40
(Sammlung Göschen, Band 210)

E. BUCHWALD

Einführung in die Kristallographie

4., verbesserte Auflage Mit 121 Figuren. 138 Seiten. 1952. DM 2,40
(Sammlung Göschen, Band 619)

W. BRUHNS und P. RAMDOHR

Petrographie

3., durchgesehene Auflage Mit 10 Figuren. 117 Seiten. 1949. DM 2,40
(Sammlung Göschen, Band 173)

„Diese dritte Auflage des bekannten Göschen-Bändchens wurde gegenüber der zweiten Auflage auf den heutigen Stand unseres Wissens gebracht. Auf engstem Raum, mit knappen Worten, wird das gesamte Fachgebiet der Gesteinskunde behandelt in leichtverständlichen Ausführungen, die durchaus und zuverlässig dem Stand unserer heutigen Erkenntnisse entsprechen."
Erzmetall, Heft 8/1950

M. HENGLEIN

Lötrohrprobierkunde

Mineraldiagnose mit Lötrohr und Tüpfelreaktion
3., verbesserte Auflage. Mit 11 Abbildungen. 91 Seiten. 1949. DM 2,40
(Sammlung Göschen, Band 483)

„Das Göschen-Bändchen hat sich schon in früheren Auflagen so gut eingeführt, daß eine neuerliche Empfehlung und Besprechung kaum mehr nötig sein dürfte. Gegenüber früheren Auflagen werden einige seltene Elemente etwas ausführlicher besprochen und einige neue Nachweisverfahren gegeben. Auch die Hinzunahme der Verfahren der Tüpfelanalyse ist ein recht glücklicher Gedanke des Verfassers." Die Technik, Heft1/1950

WALTER DE GRUYTER & CO. / BERLIN W 35

W. NUSSELT

Technische Thermodynamik

I Grundlagen. 3., verbesserte Auflage. 144 Seiten. 1950. DM 2,40
II Theorie der Wärmekraftmaschine. Neudruck. Mit 87 Abbildungen und 32 Zahlentafeln. 144 Seiten. 1951. DM 2,40
(Sammlung Göschen, Band 1084 und 1151)

A. E. H. MEYER und E. O. SEITZ

Ultraviolette Strahlen

ihre Erzeugung, Messung und Anwendung in Medizin, Biologie und Technik
2., erweiterte Auflage. Oktav Mit 261 Abbildungen und 58 Tabellen. XVI, 390 Seiten. 1949. Ganzleinen DM 34,—

„Der ‚Meyer-Seitz' wurde bald auf dem Arbeitstisch des für dieses Gebiet interessierten Biologen, Mediziners und Physikers unentbehrlich.
Jetzt liegt endlich die schon lange erwartete zweite Auflage des Werkes vor, deren Erscheinen sich durch die nach Kriegsende bestehenden vielfältigen Schwierigkeiten verzögert hatte.

Aufbau und Gliederung des Materials, die sich bewährt hatten, sind beibehalten worden. Der Schrifttumsnachweis wurde um 624 inländische und ausländische Arbeiten erweitert, deren wesentlicher Inhalt im Text mit verarbeitet wurde. Besonders hervorgehoben sei das ausführliche Kapitel über die Messung der UV-Strahlung. Hier findet der Neuling auf dem Gebiet alles Wichtige zusammengestellt, aber auch der Erfahrene wird für manchen technischen Hinweis dankbar." Chemie — Ingenieur — Technik

ROTH — EISENLOHR — LÖWE

Refraktometrisches Hilfsbuch

Oktav Mit 35 Abbildungen. Etwa 110 Seiten. 1952. Ganzleinen DM 18,—
(Arbeitsmethoden der modernen Naturwissenschaften)

R. KATTWINKEL

Grubengasanalyse im Kohlenbergbau

Oktav Mit 30 Abbildungen. 80 Seiten. 1950. Ganzleinen DM 8,40
(Arbeitsmethoden der modernen Naturwissenschaften)

„Ein ausgezeichnetes Arbeitsbuch, denn es beschreibt in klarer, alle wichtigen Einzelheiten berücksichtigenden Weise die modernen gasanalytischen Arbeitsmethoden der Zechenlaboratorien. Darüber hinaus kann es jedem Chemie-Laboranten empfohlen werden, der Gasanalysen auszuführen oder zu überwachen hat. Begrüßenswert ist die Angabe der Berechnungsbeispiele für die Analysen und der Bezugsquellen für die angegebenen Apparate und Chemikalien." Chemie für Labor und Technik

F. X. MAYER — A. LUSZCZAK

Absorbtions-Spektralanalyse

Oktav Mit 74 Abbildungen. XIV, 238 Seiten. 1951 Ganzleinen DM 14,—
(Arbeitsmethoden der modernen Naturwissenschaften)

WALTER DE GRUYTER & CO. / BERLIN W 35